职业教育人工智能领域系列教材

OpenCV 图像处理实战

北京博海迪信息科技有限公司　组编

主　编　贾　睿

副主编　方水平

参　编　徐春雨

机 械 工 业 出 版 社

本书介绍了 OpenCV 的概念、安装、应用和案例场景，共9章，主要内容包括 OpenCV 概述、基础图像处理、图像绘制、图像变换、平滑处理和阈值处理、边缘和轮廓、形态学处理、直方图处理、综合案例。本书内容实用，理论紧密联系实际，便于广大读者的学习。

本书主要作为 OpenCV 图像处理与计算机视觉入门课程的配套用书。通过学习本书，可以较全面地了解 OpenCV 的应用场景，系统掌握使用 OpenCV 进行图像处理的方法。通过原始图片和处理结果图片对比，直观地展示了两者间差异，帮助读者理解相关知识点和操作方法，丰富案例和详细代码有助于读者达到学以致用的效果。

本书不仅适用于高校本、专科教学使用，也可作为相关技术人员的参考读物。

为方便教师教学和学生学习，本书配有电子课件、微课视频等配套资源，读者可登录机械工业出版社教育服务网（www. cmpedu. com）免费注册下载，或联系编辑（010－88379543）咨询。

图书在版编目（CIP）数据

OpenCV 图像处理实战／北京博海迪信息科技有限公司组编；贾睿主编. —北京：机械工业出版社，2022.9（2024.1 重印）
职业教育人工智能领域系列教材
ISBN 978－7－111－71921－2

Ⅰ.①O… Ⅱ.①北… ②贾… Ⅲ.①图像处理软件-程序设计-高等职业教育-教材 Ⅳ.①TP391.413

中国版本图书馆 CIP 数据核字（2022）第 201231 号

机械工业出版社（北京市百万庄大街 22 号 邮政编码 100037）
策划编辑：赵志鹏 责任编辑：赵志鹏 徐梦然
责任校对：李 杉 王 延 封面设计：马精明
责任印制：郜 敏
北京富资园科技发展有限公司印刷

2024 年 1 月第 1 版・第 2 次印刷
184mm×260mm・13 印张・318 千字
标准书号：ISBN 978－7－111－71921－2
定价：45.00 元

电话服务
客服电话：010-88361066
010-88379833
010-68326294

网络服务
机 工 官 网：www. cmpbook. com
机 工 官 博：weibo. com/cmp1952
金 书 网：www. golden-book. com
机工教育服务网：www. cmpedu. com

职业教育人工智能领域系列教材编委会

夏　汛　泸州职业技术学院
何凤梅　温州科技职业学院
倪礼豪　温州科技职业学院
郭洪延　沈阳职业技术学院
张庆彬　石家庄铁路职业技术学院
刘　佳　石家庄铁路职业技术学院
温洪念　石家庄铁路职业技术学院
齐会娟　石家庄铁路职业技术学院
李　季　长春职业技术学院
王小玲　湖南机电职业技术学院
黄　虹　湖南机电职业技术学院
吴　伟　湖南机电职业技术学院
贾　睿　辽宁交通高等专科学校
徐春雨　辽宁交通高等专科学校
于　淼　辽宁交通高等专科学校
柴方艳　黑龙江农业经济职业学院
李永喜　黑龙江生态工程职业学院
王　瑞　黑龙江建筑职业技术学院
鄢长卿　黑龙江农业工程职业学院
向春枝　郑州信息科技职业学院
谷保平　郑州信息科技职业学院
李　敏　荆楚理工学院
丁　勇　昆明文理学院
徐　刚　昆明文理学院
宋月亭　昆明文理学院
陈逸怀　温州城市大学
潘益婷　浙江工贸职业技术学院
钱月钟　浙江工贸职业技术学院
章增优　浙江工贸职业技术学院
马无锡　浙江工贸职业技术学院
周　帅　北京博海迪信息科技有限公司
赵志鹏　机械工业出版社有限公司

前　言

Preface

近年来，随着人工智能、大数据、物联网的高速发展，催生了很多的技术变革，人脸识别、物体检测等新型的应用场景随处可见，图像处理的应用领域不断扩大。计算机视觉技术在许多领域已经得到了广泛应用，在日常生活中也扮演着重要角色，影响着人们生活的方方面面。

OpenCV 是计算机视觉方面的优秀开源库，它支持多语言、跨平台、功能强大，可以运行在 Linux、Windows、Android 和 MacOS 等多种平台上，提供 Python、C ++ 等多种语言的开发接口，能够帮助开发人员方便、快速、高效地构建图像处理应用和视频分析应用。不仅如此，OpenCV 还包含经典机器学习算法和深度学习算法库，能够应用于图像分类、目标检测、目标跟踪和光学字符检测识别等多类任务中。

本书基于 Python 的 OpenCV 视觉库的使用，系统地介绍了 OpenCV 库在图像处理和视频分析的各种接口和应用案例，介绍了 OpenCV 库接口的实现原理和使用方法，通过处理前后图片对比来展示各个接口的应用效果。本书内容通俗易懂、生动有趣、案例丰富、实用性强，相信通过学习这本书，读者能够在计算机视觉领域快速入门，使用 Python 和 OpenCV 库解决计算机视觉实际问题。

本书各个章节中都附有案例代码，帮助读者更好地理解 OpenCV 库的实现原理和接口应用方法，体现实用性和可操作性，易懂易学。保证读者顺利完成每个任务，让读者感到易学、乐学，在宽松的环境中，理解知识、掌握技能，能学以致用。本书配套资源丰富，每章均配有微课视频、电子课件、习题、案例任务，便于读者对知识的理解、巩固和自我测试。

本书从 OpenCV 的概念、安装、应用等方面进行全面介绍，共分 9 章，主要内容包括 OpenCV 概述、基础图像处理、图像绘制、图像变换、平滑处理和阈值处理、边缘和轮廓、形态学处理、直方图处理、综合案例。建议参考学时 64 学时。

授　课　计　划

序号	授课章节、内容摘要	学时分配	
		讲授	实践
1	第 1 章　OpenCV 概述	2	2
2	第 2 章　基础图像处理	2	2
3	第 3 章　图像绘制	2	2
4	第 4 章　图像变换	4	4
5	第 5 章　平滑处理和阈值处理	4	4
6	第 6 章　边缘和轮廓	4	4
7	第 7 章　形态学处理	4	4
8	第 8 章　直方图处理	4	4
9	第 9 章　综合案例	4	8

本书由贾睿主编，方水平任副主编，参与编写的还有徐春雨。本书的编写得到了北京博海迪信息科技有限公司的大力支持，在此表示深深的感谢。

由于编者水平有限，书中难免存在不足之处，敬请广大读者批评指正。

编　者

二维码索引

目 录

Contents

第 5 章
平滑处理和阈值处理

第 6 章
边缘和轮廓

第 7 章
形态学处理

第1章 OpenCV 概述

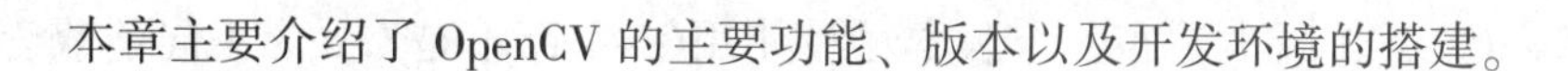

本章主要介绍了 OpenCV 的主要功能、版本以及开发环境的搭建。

扫码看视频

1.1 OpenCV 简介

OpenCV（Open Source Computer Vision Library）全称为开源计算机视觉库，是计算机视觉中经典的专用库，它支持多语言、跨平台，功能强大，为计算机视觉专业人员提供了灵活的、功能强大的开发接口。OpenCV 由 C 语言和C ++ 语言编写，可以运行在 Linux、Windows、Android 和 MacOS 等平台上。它具有轻量级且高效的特点，同时提供了 Python、Ruby、MATLAB 等语言的接口，实现了图像处理和计算机视觉方面很多通用的算法。

1.1.1 OpenCV 的功能

OpenCV 主要模块的功能如下：

（1）基础数据模块　该模块包含了复杂的数据结构和基本函数方法，例如，core 模块实现了各种基本的数据结构；imgcodecs 提供了文件的读写功能，用户只需要使用简单的命令就可以轻松地读写图像文件。

（2）图像处理模块　该模块包含了线性和非线性图像滤波，几何图像变换，包括调整大小、仿射和透视扭曲，基于通用表的重新映射，颜色空间转换，直方图等。

（3）高层用户界面模块和媒体输入/输出模块　该模块主要包括用户界面、图片和视频的读写、QT 新功能等，为用户提供了图像的图形窗口操作功能，例如，创建窗口显示图像或者视频、窗口响应键盘和鼠标事件、视频的读取和保存等。

（4）二维特征框架模块　该模块主要包含特征检测与描述、特征检测器、描述符检测器、描述匹配器、通用描述符匹配器等，主要用于特征提取，可以从二维图像中检测和提取图像的特征。

（5）3D 重建模块　该模块主要包括相机校准和三维重建等相关内容，例如，基本的多视角几何算法、单个摄像头标定、物体姿态估计、立体相似性算法、三维信息重建等。

（6）对象检测　该模块提供了对象检测功能，可以检测预定义的对象和实例，例如，面部、眼睛、汽车等，并在图像中检测给定图像的位置。

（7）机器学习　该模块为机器学习库，提供了很多的机器学习算法，如 K 近邻（KNN）、K 均值聚类（K-Means）、支持向量机（SVM）、神经网络等经典算法。

（8）计算摄影　该模块通过图像处理技术来改善相机拍摄的图像，提供了与计算摄影有关的算法。

1.1.2 OpenCV 的版本

OpenCV 于 1999 年由 Intel 公司的 GrayBradiski 启动，在 2000 年发布了第一个版本。2006 年 10 月，OpenCV 1.0 版本正式发布，在该版本发布时，部分使用了C ++，同时支持 Python，其中已经提供了 Random Trees、Boosted Trees、Neural Nets 等机器学习方法，完善了对图形界面的支持。2008 年 10 月，1.1pre1 版本发布，使用 vs2005 构建，Pythonbindings 支持 Python 2.6，Linux 下支持 Octavebindings，在这一版本中加入了 SURF、RANSAC 等，人脸检测也变得更快。

2009 年 9 月，OpenCV 2.0 版本发布，该版本尽量使用C ++ 而不是 C，为了向前兼容，仍保留了对 CAPI 的支持。从 2010 年开始，2. x 版本不再频繁支持和更新 CAPI，而是集中在 C ++ API，CAPI 制作备份。2. x 版本的重要更新包括：修复了 Windows 安装包，将 MinGW 用于预编译的二进制文件，增加了新的 Python 接口。

2015 年 6 月，OpenCV 3.0 版本发布，3.0 版本不再向前兼容 OpenCV 2. x 版本，3.0 版本的大部分方法都使用了 OpenCL 加速。主要更新包括：修复了包括文档、生成脚本、Python 包装器、core、imgproc 等模块的错误，增加了大量的新方法。

2018 年，OpenCV 4.0 版本发布，主要更新包括兼容C ++11 的编译器，删除了 1. x 版本中的许多 C 函数，增加了对 Mask－RCNN 模型的支持，部分支持 YOLO 对象检测，还加入了 QRcode 的检测和识别，DNN 也在持续改善和扩充中。

2020 年 10 月，OpenCV 4.5 版本发布。

1.1.3 OpenCV-Python

Python 是一种面向对象的、解释型的计算机高级程序设计语言，具有易于学习、易于阅读、易于维护等特点，同时具有丰富的库，与 UNIX、Windows 和 Machintosh 兼容得很好，而且支持互动模式，可移植，可扩展，是继 Java 语言和 C 语言之后又一热门的程序设计语言。

OpenCV-Python 是 OpenCV 的 Python 语言接口，使用 OpenCV-Python 的优势有两方面：一方面，代码运行速度与原始的 C 和C ++ 的运行速度一样快，主要是因为后台运行的代码实际上是C ++ 代码；另一方面，使用 Python 编写代码更容易。

1.2 开发环境配置

开发环境的配置需要安装 Python、Numpy 包、OpenCV-Python 包和 PyCharm。

1.2.1 安装 Python

Python 的安装包可在 Python 官网（https：//www.python.org/downloads/）下载，根据计算机的操作系统选择相应的版本下载。本书所有的案例均在 Windows 环境下运行，因此，选择的是 Windows 对应的版本，如图 1－1 所示。

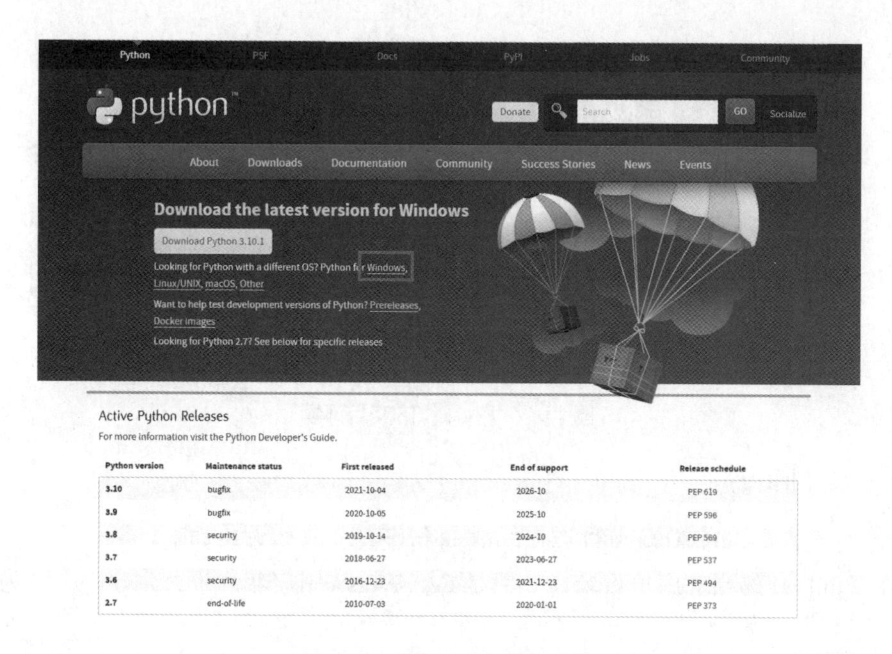

图 1－1 Python 安装包下载

在之后的页面中，选择相应的 Python 版本下载。选择 Python 版本时，请确保选择 Python 3.5 或更高版本。本书选择的是 Python 3.8 版本。安装包下载完成后，运行安装程序，安装程序启动后，首先显示安装方式界面，如图 1－2 所示。此时，选中界面最下方的“Add Python 3.8 to PATH”复选框，将 Python 3.8 添加到系统的环境变量中。这样可以保证在命令行提示符窗口中，在任意路径下都可以执行 Python 的相关命令。然后选择安装方式，这里选择“InstallNow”方式按默认设置安装。用户可以设置将 Python 安装到其他路径下，也可以使用系统默认的安装路径。安装完成后，在命令行提示符窗口中运行“Python”命令，如果安装正确，则可以进入 Python 的交互环境，如图 1－3 所示。

图 1－2 Python 安装方式界面

```
Python 3.8.5 (tags/v3.8.5:580fbb0, Jul 20 2020, 15:57:54) [MSC v.1924 64 bit (AMD64)]
 on win32
Type "help", "copyright", "credits" or "license" for more information.
>>>
```

图1-3　Python 的交互环境

1.2.2　安装 Numpy

为了加快下载安装的速度，可以对 pip 源进行配置，具体方法如下：

1）在 Windows 的当前用户目录（一般是 C:\Users\用户名）下，创建一个名为 pip 的文件夹。

2）在 pip 文件夹下创建一个名为 pip.ini 的文件。

pip.ini 文件的内容如图 1-4 所示。

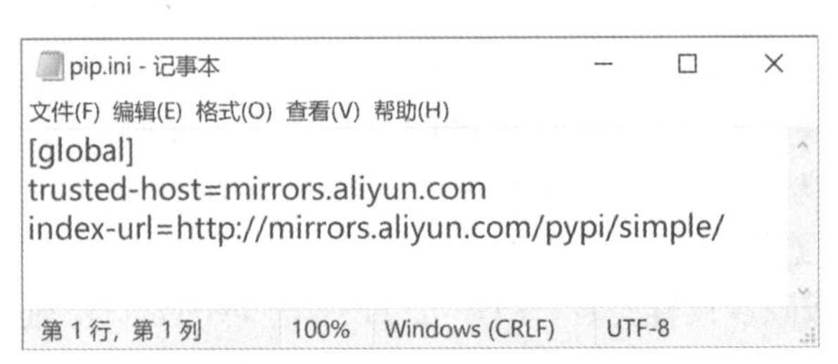

图1-4　pip.ini 文件的内容

该文件配置的 pip 源为阿里云，也可以选择其他的 pip 源。pip 源配置完成后，在使用 pip 命令安装 Python 包时，将会从阿里云下载，下载和安装的速度将会大大加快。

pip 源配置完成后，打开系统的命令行提示符窗口，在窗口中输入“pip install numpy”命令并执行，安装 Numpy 包。安装完成后，进入到 Python 的交互环境中并导入 Numpy 包，如图 1-5 所示。此时，表示 Numpy 包安装成功。

```
PS C:\Users\yue_Leng\Desktop> pip install numpy
Looking in indexes: http://mirrors.aliyun.com/pypi/simple/
Collecting numpy
  Downloading http://mirrors.aliyun.com/pypi/packages/c8/7a/fc93f1989d009bd1b40d38efc82f1b2
62deea8842da6435ff90ec86c0ace/numpy-1.21.5-cp38-cp38-win_amd64.whl (14.0 MB)
     |████████████████████████████████| 14.0 MB 6.4 MB/s
Installing collected packages: numpy
Successfully installed numpy-1.21.5
WARNING: You are using pip version 20.1.1; however, version 21.3.1 is available.
You should consider upgrading via the 'c:\users\yue_leng\appdata\local\programs\python\pyth
on38\python.exe -m pip install --upgrade pip' command.
PS C:\Users\yue_Leng\Desktop> python
Python 3.8.5 (tags/v3.8.5:580fbb0, Jul 20 2020, 15:57:54) [MSC v.1924 64 bit (AMD64)] on wi
n32
Type "help", "copyright", "credits" or "license" for more information.
>>> import numpy
>>>
```

图1-5　Numpy 包安装成功

1.2.3 安装OpenCV-Python包

OpenCV-Python包常用的安装方式有两种，分别是pip的安装方式和安装官方预编译包的方式。pip的安装方式和安装Numpy包的方式相同，在系统的命令行提示符窗口中输入“pip install opencv-python”命令，安装成功界面如图1-6所示。在安装过程中，pip会检查是否安装了Numpy包，如果没有安装，pip会自动安装Numpy包。

```
Windows PowerShell
PS C:\Users\yue_Leng\Desktop> pip install opencv-python
Looking in indexes: http://mirrors.aliyun.com/pypi/simple/
Collecting opencv-python
  Downloading http://mirrors.aliyun.com/pypi/packages/aa/46/42cfddc4170a8a3a9a5e55258daffb3fbac4b68664bef2471f5782
9e8856/opencv_python-4.5.4.60-cp38-cp38-win_amd64.whl (35.1 MB)
     |████████████████████████████████| 35.1 MB 3.3 MB/s
Requirement already satisfied: numpy>=1.17.3 in c:\users\yue_leng\appdata\local\programs\python\python38\lib\site-
packages (from opencv-python) (1.21.5)
Installing collected packages: opencv-python
Successfully installed opencv-python-4.5.4.60
WARNING: You are using pip version 20.1.1; however, version 21.3.1 is available.
You should consider upgrading via the 'c:\users\yue_leng\appdata\local\programs\python\python38\python.exe -m pip
install --upgrade pip' command.
PS C:\Users\yue_Leng\Desktop> python
Python 3.8.5 (tags/v3.8.5:580fbb0, Jul 20 2020, 15:57:54) [MSC v.1924 64 bit (AMD64)] on win32
Type "help", "copyright", "credits" or "license" for more information.
>>> import cv2
>>> cv2.__version__
'4.5.4'
>>>
```

图1-6　OpenCV-Python包安装成功

另一种安装方式是安装官方预编译包。对于这种安装方式，首先要确定安装了Python（版本为Python 3.5以上），然后要确定安装Numpy包，接下来访问OpenCV官网（https://opencv.org/），选择Library菜单下的Releases选项，在页面中根据操作系统选择合适的版本，此处选择的是“Windows”，如图1-7所示。下载OpenCV 4.5.4的发布文件，文件名为opencv-4.5.4-vc14_vc15.exe。下载完成后，将该文件解压，再将解压后的build\python\cv2\python-3.8文件夹中的cv2.cp38-win_amd64.pyd文件复制到Python安装路径下的Lib\site-packages\cv2文件夹中即可。

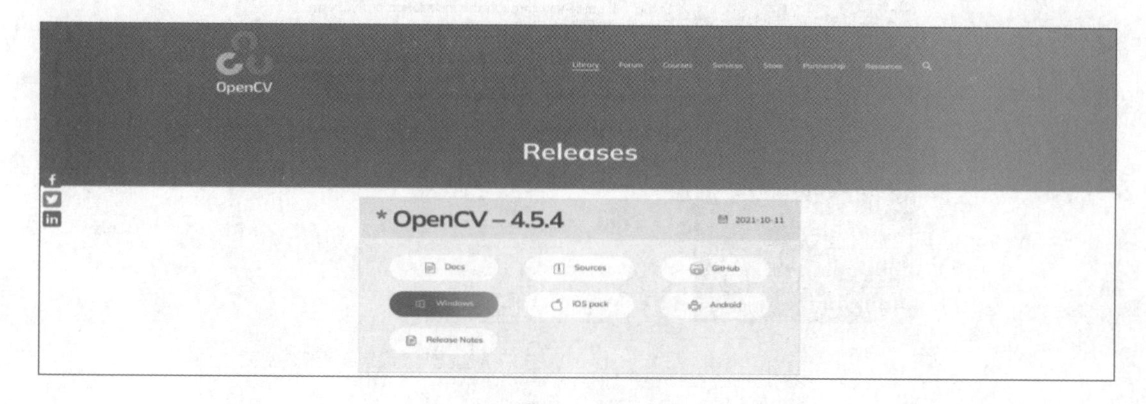

图1-7　选择OpenCV版本

1.2.4 安装 PyCharm

PyCharm 是一款功能强大的 Python 编辑器，具有跨平台性，带有一整套可以帮助用户在使用 Python 语言开发时提高其效率的工具，如调试、语法高亮、项目管理、代码跳转、智能提示、自动完成、单元测试、版本控制等。具体安装方式如下：

1）访问 PyCharm 官方主页（http://www.jetbrains.com/pycharm/download/#section=Windows），如图 1-8 所示。

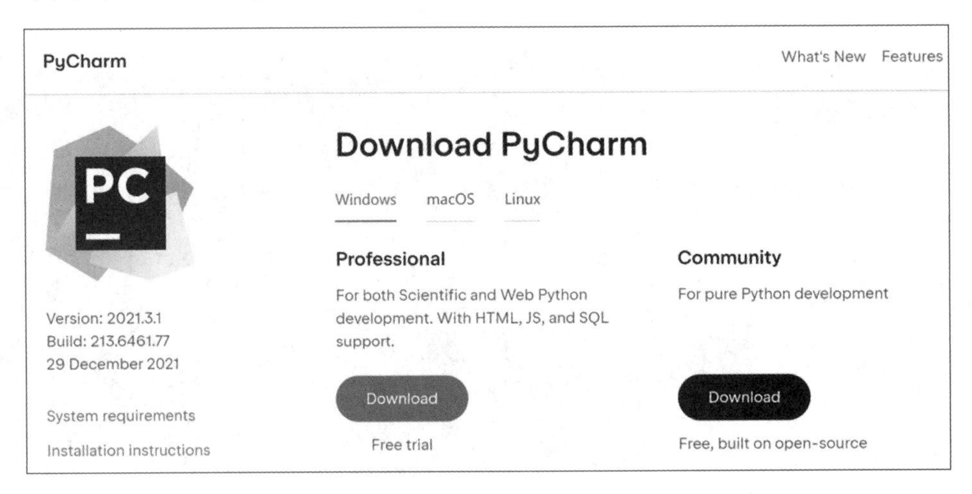

图 1-8 PyCharm 官方主页

2）在主页中，选择 Windows 中的 Community（社区）版本，单击“Download”按钮，下载安装程序。本书下载的版本是 2021.3.1。

3）运行安装程序，按图 1-9～图 1-14 所示的步骤进行默认安装即可。也可以根据个人需求改变安装配置项。

图 1-9 安装首页

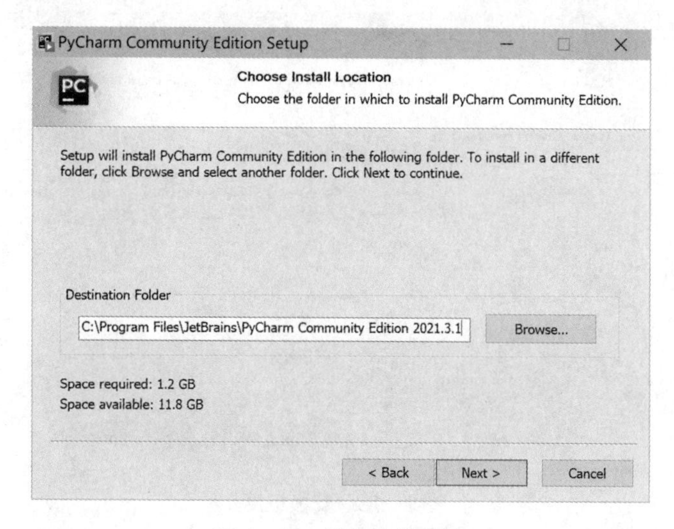

图1－10　选择安装目录

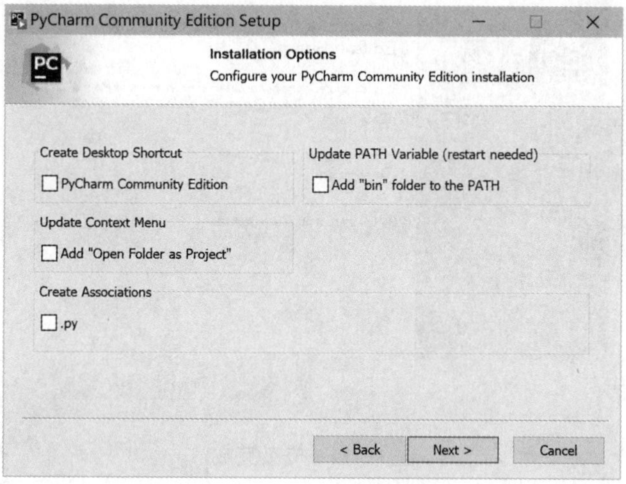

图1－11　选择安装配置

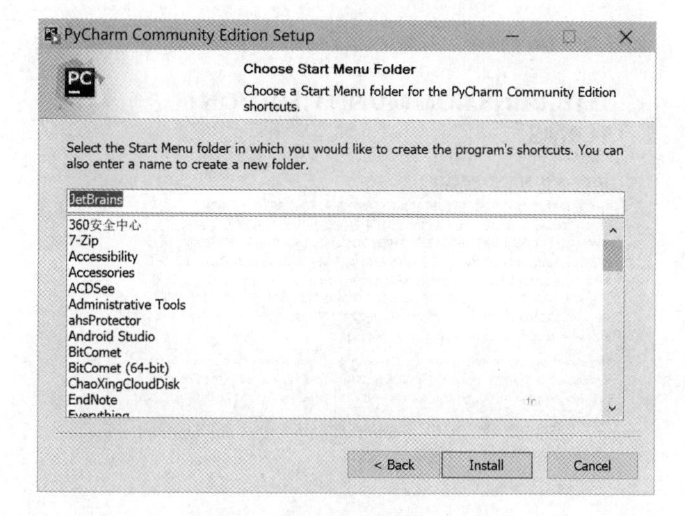

图1－12　选择启动菜单名称

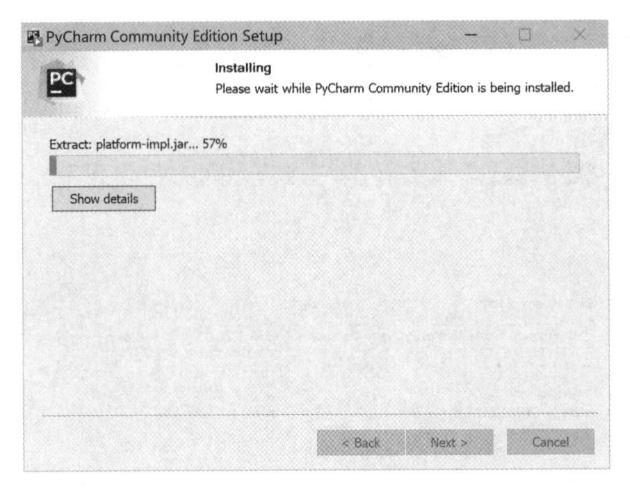

图 1－13　安装进度

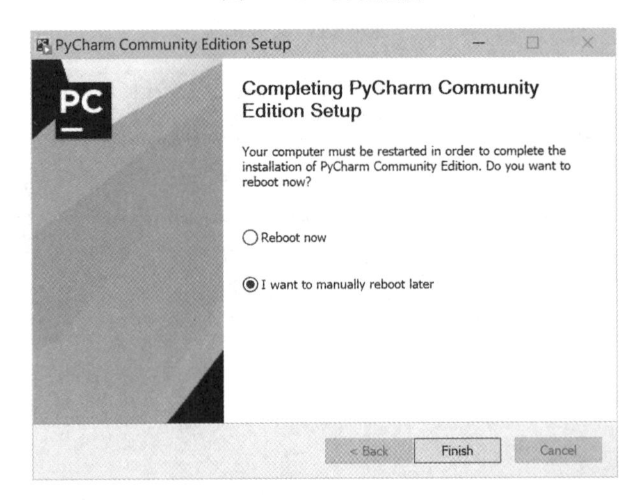

图 1－14　安装完成

4）安装完成后，启动 PyCharm，首次打开是安装协议界面，如图 1－15 所示。

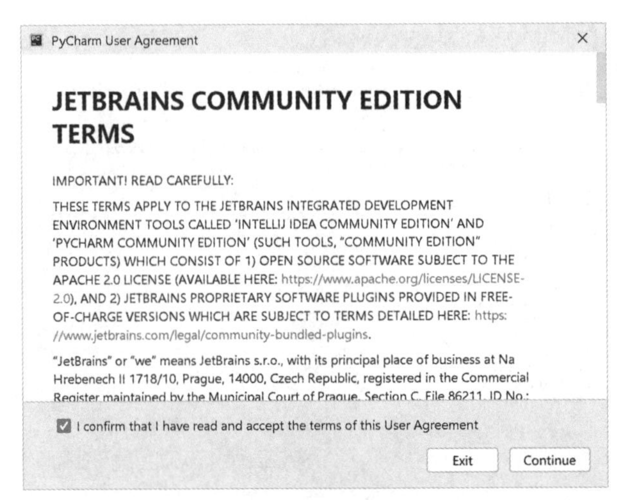

图 1－15　安装协议

5）创建一个 Python 工程，单击“NewProject”按钮，如图1－16所示。

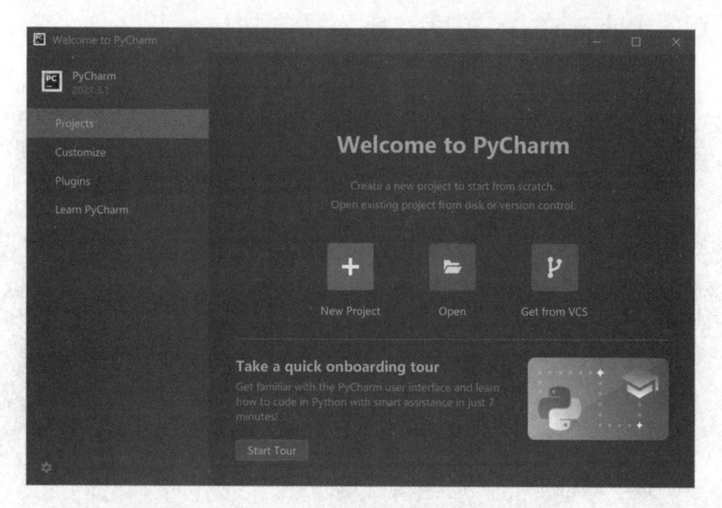

图1－16　创建新工程

可以指定工程所在的位置。设置 Python 解释器类型，使用 Virtualenv 等虚拟解释器，还是使用系统现有解释器。本书使用系统现有解析器。如图1－17和图1－18所示。

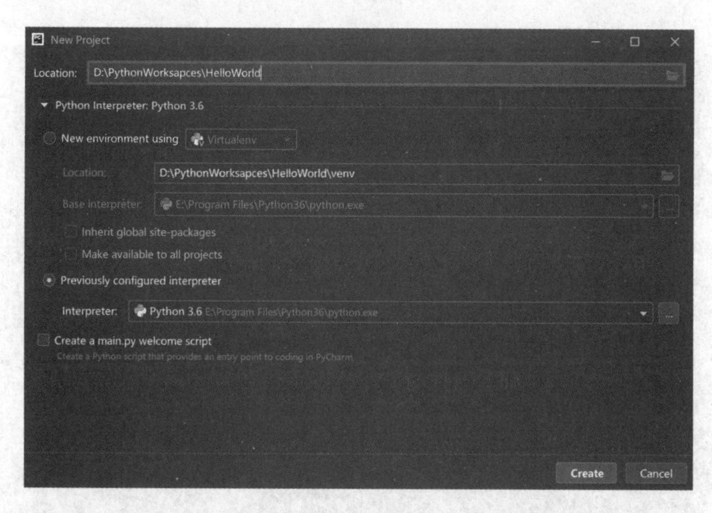

图1－17　设置工程所在目录

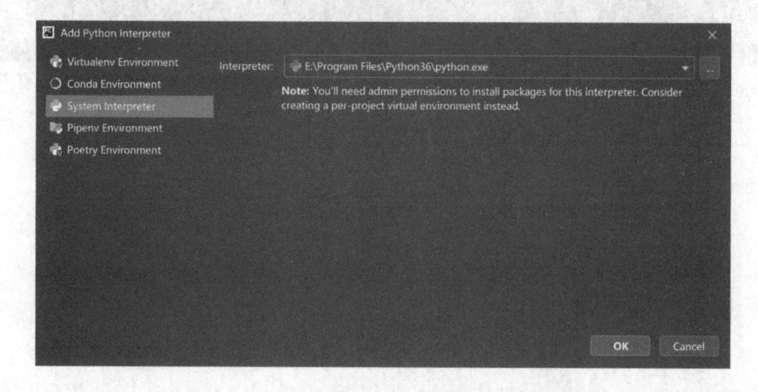

图1－18　选择操作系统中安装的解释器

然后单击“Create”按钮创建 Python 工程，在工程名称上面右击，选择“New→Python File”，创建一个新的 Python 文件，在弹出的对话框中输入新文件名称。如图 1－19 和图 1－20所示。

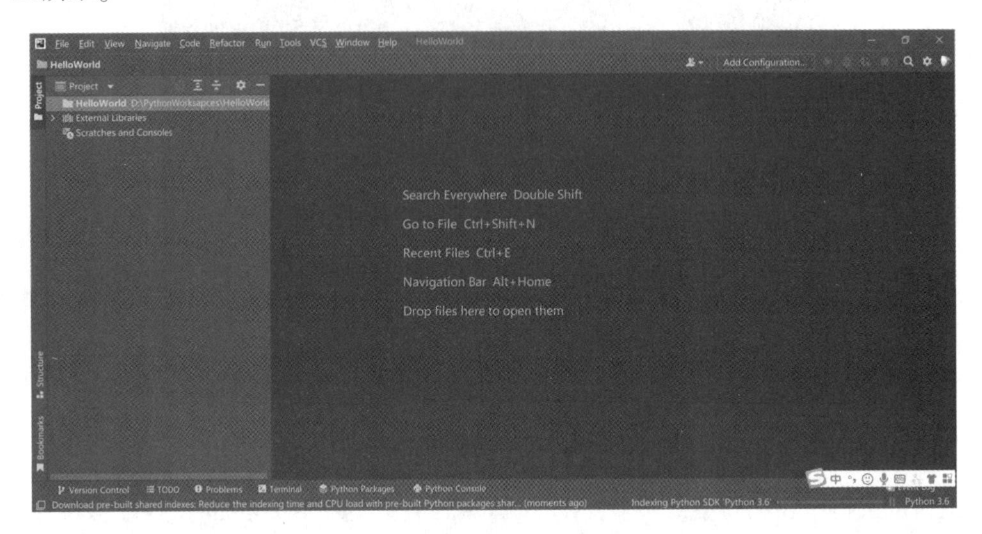

图1－19 新创建的 Python 工程界面

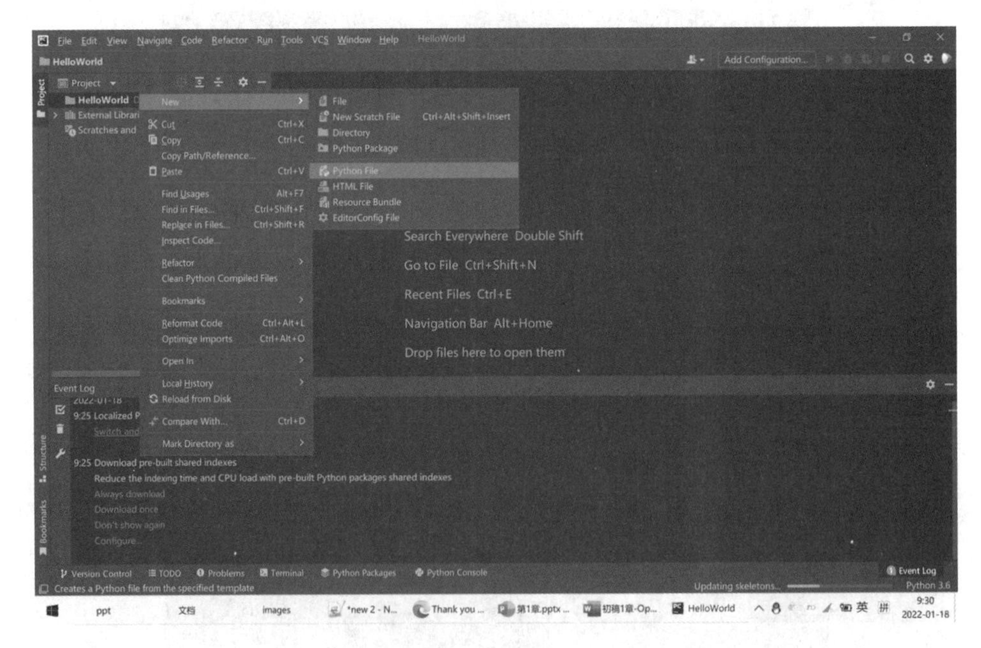

图1－20 创建新的 Python 文件

案 例

案例：读取和显示一幅图像

运行环境搭建完成后，下面通过一个示例演示如何读取和显示一幅图像。启动 PyCharm，按照上面在 PyCharm 中新建 Python 文件的过程创建文件“readImage. py”，在该文件中填写以下代码：

```
import numpy
import cv2

image = cv2.imread('lena.png')
cv2.imshow('lena',image)

cv2.waitKey(0)
cv2.destroyAllWindows()
```

需要注意的是，lena. png 文件需要在当前目录下。运行该程序，结果如图 1-21 所示。

图 1-21　第一个 OpenCV 程序

习　题

1. 简述 OpenCV 的主要功能。
2. 配置 OpenCV 的开发环境。
3. 编写程序，读取一幅图像并将其显示出来。

第2章 基础图像处理

本章主要内容为在 Open CV 中进行图像的读取和显示、视频的读取与播放，图像在计算机中的基本表示方法、图像的属性、灰度与通道的操作、ROI处理及图像运算等。

扫码看视频

2.1 图像处理

在图像处理的过程中，只有将图像的数据读取出来后，才能对图像进行相应的处理操作；图像处理完成后，需要将图像显示出来查看处理后的效果；最后，还需要将处理后的图像重新写到计算机中。因此，图像的读取、显示与保存是图像处理最基本的操作。本节将介绍这三项基本操作。

2.1.1 读取图像

在对一幅图像进行相应处理之前，需要将图像数据读取出来，读取操作完成后，可以将读取到的图像数据赋值给某个变量，之后可以对该变量进行操作以完成图像的处理。

在 OpenCV 中，图像的读取使用的函数是 cv2.imread( )，该函数可以读取各种静态格式的图像，基本的语法格式为：

```
retval = cv2.imread(filename [, flags])
```

主要参数说明如下：

filename：要读取的图像的完整的路径和文件，此处图像所在的路径支持相对路径和绝对路径，图像的文件名包括文件的名字和扩展名。

flags：读取标记，根据标记来决定读取文件的类型，flags 参数的取值见表 2-1。

retval 为该函数的返回值，如果图像读取正确，其值为读取到的图像数据；如果图像读取错误，例如文件路径错误，则返回值为“None”。

表2-1　flags参数的取值

数值	值	含义
-1	cv2. IMREAD_UNCHANGED	保持图像的原格式不变
0	cv2. IMREAD_GRAYSCALE	将图像调整为单通道的灰度图像
1	cv2. IMREAD_COLOR	将图像调整为3通道的BGR图像，该值为默认值
2	cv2. IMREAD_ANYDEPTH	当读取的图像深度为16位或32位时，返回其对应深度的图像；否则，将其转换为深度为8的图像
4	cv2. IMREAD_ANYCOLOR	以任何可能的颜色格式读取图像
8	cv2. IMREAD_LOAD_GDAL	请使用gda驱动程序加载图像
16	cv2. IMREAD_REDUCED_GRAYSCALE_2	始终将图像转换为单通道灰度图像，并且图像尺寸减小1/2
17	cv2. IMREAD_REDUCED_COLOR_2	始终将图像转换为3通道BGR彩色图像，并且图像尺寸减小1/2
32	cv2. IMREAD_REDUCED_GRAYSCALE_4	始终将图像转换为单通道灰度图像，并且图像尺寸减小1/4
33	cv2. IMREAD_REDUCED_COLOR_4	始终将图像转换为3通道BGR彩色图像，并且图像尺寸减小1/4
64	cv2. IMREAD_REDUCED_GRAYSCALE_8	始终将图像转换为单通道灰度图像，并且图像尺寸减小1/8
65	cv2. IMREAD_REDUCED_COLOR_8	始终将图像转换为3通道BGR彩色图像，并且图像尺寸减小1/8
128	cv2.IMREAD_IGNORE_ORIENTATION	不要根据EXIF的方向标志旋转图像

cv2. imread( )函数能够读取多种类型的图像，包括常用的jpg图像、png图像、bmp图像等。

应用实例：使用cv2. imread( )函数读取一幅图像，该图像在当前目录下

```
import cv2
image = cv2.imread('../images/lena.png')
print(image)
```

上述程序首先将cv2模块导入，OpenCV中大多数常用的函数都在cv2模块内，要想使用cv2. imread( )函数，需要将cv2模块导入。cv2模块导入完成后，cv2. imread( )函数会读取当前目录下的lena. png图像，将读取到的图像数据赋值给变量image，使用print( )函数将变量image的值输出，输出结果如图2-1所示，可以看到输出结果为lena. png图像的部分像素值。

```
[[[121 135 223]
  [123 137 225]
  [124 138 226]
  ...
  [132 144 238]
  [136 152 241]
  [120 137 224]]

 [[123 137 225]
  [122 139 226]
  [125 139 227]
  ...
  [134 142 235]
```

图2-1　lena. png图像部分像素值

2.1.2　显示图像

图像数据读取完成后，可以对图像进行相关的处理操作，处理完成后，通常情况下需要查看图像处理后的结果，将图像显示出来。在OpenCV中，显示图像的函数为cv2. imshow( )，其语法格式为：

```
cv2.imshow(winname, mat)
```

主要参数说明如下：

winname：显示图像的窗口名称。

mat：要显示的图像数据的变量。

应用实例：在一个窗口中显示读取的图像

```
import cv2
image = cv2.imread('../images/lena.png')
cv2.imshow('lena',image)
```

在上面的程序中，cv2. imshow( ) 函数实际上会完成两个步骤，首先会创建一个名称为“lena”的窗口，然后将图像数据 image 显示在窗口中。但是上面程序在运行时，并不会显示 lena. png，创建的窗口会在显示后立即关闭，为了解决这一问题，通常会使用 cv2. waitKey( ) 函数来控制窗口。cv2. waitKey( ) 函数的语法格式如下：

```
retval = cv2.waitKey(delay)
```

该函数的主要功能是用来等待用户按键，当用户按下键盘后，该语句会被执行，并获取返回值。retval 表示返回值，如果没有按键被按下，则返回 -1；如果有按键被按下，则返回按键的 ASCⅡ码。

delay 表示等待按键的时间，单位是 ms，当 delay 为负数或者为 0 时，则表示一直等待用户按键；delay 值也可以忽略，此时相当于 delay =0（即 delay 的默认值为 0）。

显示图像的窗口创建完成后，通常情况下，在程序结束时，需要将窗口销毁或释放。用来销毁或释放窗口的函数为 cv2. destroyWindow( )，该函数的语法格式如下：

```
cv2.destroyWindow(winname)
```

winname 为窗口的名称。在实际使用中，该函数通常和 cv2. waitKey( ) 函数配合使用，实现窗口的释放。

因此，完成显示图像的程序如下，程序的运行结果如图 2－2 所示。程序运行后，显示图像，按下键盘上的任意键，图像窗口销毁，程序结束。

```
import cv2
image = cv2.imread('../images/lena.png')
cv2.imshow('lena',image)
cv2.waitKey(0)
cv2.destroyWindow('lena')
```

图2-2　程序运行结果

cv2. destroyWindow( ) 函数用来释放指定的窗口，cv2. destroyAllWindows( ) 函数用来释放或销毁所有窗口，其语法格式如下：

```
cv2.destroyAllWindows()
```

当程序中需要多个窗口显示多张图像时，程序结束时，可以使用该函数一次性销毁所有的窗口。

2.1.3　保存图像

图像处理完成后，用户希望将处理后的图像保存到磁盘中，可以使用 cv2. imwrite( ) 函数，该函数的语法格式如下：

```
retval = cv2.imwrite(filename, img[, params])
```

主要参数说明如下：

filename：保存目标图像的完整的路径名，包含文件名和文件扩展名。

img：目标图像。

params：可选参数，该参数针对特定的格式，对于 jpg 图像，该参数表示的是图像的质量，用 0 ~ 100 的整数表示，默认值为 95；对于 png 图像，该参数表示的是压缩级别，默认值为 3。

retval 为函数的返回值，该值为 bool 值，返回值为真（True）表示保存成功；返回值为假（False）表示保存不成功。

应用实例：编写程序，将读取的图像保存到当前目录下

```
import cv2
image = cv2.imread('../images/lena.png')
r = cv2.imwrite('result.bmp', image)
```

该程序首先读取 lena. png，然后使用 cv2. imwrite( ) 函数，将读取后的图像写入到当前目录下，图像的文件名为 result. bmp。

2.2 视频处理

视频是非常重要的视觉信息来源，是计算机视觉处理过程中非常重要的，也是经常需要处理的一类信号。视频实际上是由一系列图像构成的，这一系列图像被称为帧。视频播放时，以一定的速率显示每一帧，称为帧速率，表示一秒内所出现的帧数，对应的英文是 FPS (Frames Per Second)，单位是帧/秒。如果能够从视频获取每一帧，就可以使用图像处理的方法对其进行处理，来达到视频处理的目的。

OpenCV 中的 VideoCapture 类和 VideoWriter 类提供了视频处理功能，它们支持各类视频文件。本节主要介绍使用 VideoCapture 类来实现视频的读取和播放。

2.2.1 读取视频

读取视频时，将视频文件或摄像头作为数据源来创建 VideoCapture 对象，然后调用 VideoCapture 对象的 read( ) 方法获取视频中的帧，每一帧都是一幅图像，该函数的返回值有两个，分别是帧标记和每一帧的图像数据。

应用实例：编写程序，读取当前目录下的视频文件 test. mp4

```
import cv2
video = cv2.VideoCapture('../images/test.mp4')  # 创建 VideoCapture 对象
fps = video.get(cv2.CAP_PROP_FPS)  # 读取视频的帧速率
height = video.get(cv2.CAP_PROP_FRAME_HEIGHT)  # 获取视频的高度
weight = video.get(cv2.CAP_PROP_FRAME_WIDTH)  # 获取视频的宽度
print('FPS:', fps)
print('The video size:', height, weight)
```

程序运行结果如下：

```
FPS: 24.12565445026178
The video size:  860.0 540.0
```

上面程序中，首先将视频文件 test. mp4 作为数据源创建 VideoCapture 对象，然后利用该对象的 get( ) 方法读取视频的帧速率和视频的大小，最后输出帧速率和视频大小。

2.2.2 播放视频

OpenCV 播放视频实际上是逐帧读取视频和显示每一帧的图像。

应用实例：编写程序，读取 images 目录下的 video. mp4，并播放该视频

```
import cv2
video = cv2.VideoCapture('../images/video.mp4')
while video.isOpened():
    ret, frame = video.read()
    cv2.imshow('video', frame)
    key = cv2.waitKey(30)
    # 按<ESC>键退出
    if key == 27:
        break
video.release()
cv2.destroyAllWindows()
```

程序运行的结果，即视频播放截图如图 2-3 所示。

计算机视觉要处理的对象更多时候是从摄像设备中实时读入的视频流，如果要播放从摄像头实时录制的视频，只需要将上述程序中的第二行改成 video = cv2. VideoCapture(0)即可，此行代码表示从摄像头录制的视频作为数据源创建 VideoCapture 对象，播放视频的代码不变，此时程序运行结果为播放的视频是从摄像头实时录制的内容。

图2-3　视频播放截图

2.3　图像属性

使用 cv2. imread()函数读入图像时，对于 RGB 彩色图像来说，会按照图像行的方向依次读取图像 B 通道、G 通道和 R 通道的像素点，并将像素点以行为单位存储在多维数组的列中。例如，一幅大小为 N 行×M 列的原始的 RGB 图像，cv2. imread()函数读入后，是以 BGR 模式的三维数组的形式存储，如图 2-4 所示。

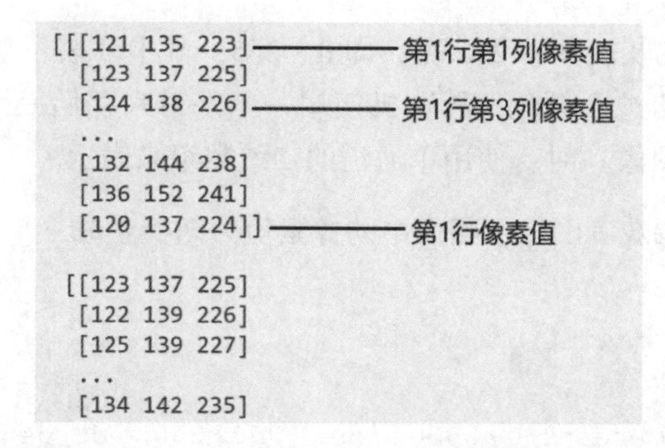

图2-4　彩色图像的存储模式

从图 2-4 中可以看出，某行某列的像素点由三个值构成，分别代表 B 通道、G 通道和 R 通道的值，这三个通道值组合在一起构成一个彩色的像素点。

在图像处理的过程中，经常需要获取图像的属性，图像的属性包括图像的通道数、图像的大小、图像的像素个数、图像数据的类型等。获取图像的属性可以使用 ndarray 数据类型的 shape 属性、size 属性和 dtype 属性。

- shape 属性：如果图像为彩色图像，则返回包含行数、列数、通道数的元组；如果是灰度图像，则返回只包含行数和列数的元组，此时通道数为 1。可以通过该属性的返回值判断图像是彩色图像还是灰度图像。
- size 属性：返回图像总的像素的个数，值为“行数 × 列数 × 通道数”。
- dtype 属性：返回图像像素值的数据类型。

应用实例：编写程序，输出图像的常用属性

```
import cv2

imageColor = cv2.imread('../images/lena.png')

print('图像的大小和通道数:', imageColor.shape)
print('图像总的像素个数:', imageColor.size)
print('图像的数据类型:', imageColor.dtype)
```

程序的运行结果，即图像的相关属性如图 2-5 所示。

```
图像的大小和通道数： (256, 256, 3)
图像总的像素个数： 196608
图像的数据类型： uint8
```

图 2-5 图像的相关属性

从程序的运行结果可以看出，lena. png 图像的通道数是 3，图像的大小为 256 × 256，图像总的像素个数为 256 × 256 × 3 = 196608，图像像素值的数据类型为 uint8，uint8 为无符号整型数，取值范围为 0 ~ 255。

2.4 灰度处理

通常情况下，图像的灰度共有 256 级，即 0 ~ 255，其中 0 表示黑色，255 表示白色，中间的数值为黑色到白色的过度颜色，计算机使用一个字节来存储一个像素值。OpenCV 在表示一幅灰度图像（黑白图像）时，使用单通道的二维数组来表示。

应用实例：生成一幅灰度图像，图像中的像素值为随机生成

```
import numpy as np
import cv2

gray = np.random.randint(0, 256, size=[256, 256], dtype=np.uint8)
cv2.imshow('gray-image', gray)
cv2.waitKey(0)
cv2.destroyAllWindows()
```

上述代码中，np. random. randint（0，256，size = ［256，256］，dtype = np. uint8）表示随机生成一个二维数组，数组大小为 256 ×256，数组中每个元素都是随机生成的 0 ~ 255 之间的整数，数据类型为 uint8。程序运行结果，即随机生成的灰度图像如图 2 - 6 所示。

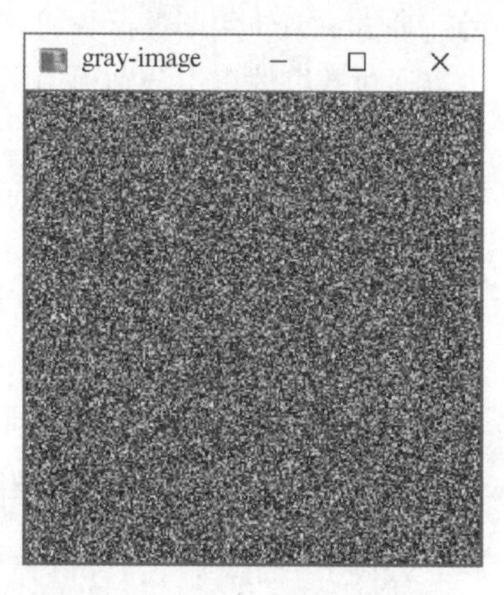

图2-6 随机生成的灰度图像

图像处理中，在某些情况下，需要将彩色图像转换为灰度图像，方法很简单，只需要在使用 cv2. imread( ) 函数读取彩色图像时，将 flags 参数赋值为 cv2. IMREAD_ GRAYSCALE，或者赋值为 0，读取后的图像就是灰度图像。还可以自定义彩色图像转换为灰度图像的方法，例如，可以取彩色图像中三个通道值的均值作为灰度图像的像素值，这样把三通道的彩色图像转换为单通道的灰度图像。

应用实例：编写程序，读取当前目录下的 lena. png 图像，并将其转换为灰度图像

```
import cv2

imageColor = cv2.imread('../images/lena.png')
imageGrey = cv2.imread('../images/lena.png', 0)
cv2.imshow('grey', imageGrey)
cv2.imshow('color', imageColor)

cv2.waitKey(0)
cv2.destroyAllWindows()
```

程序运行结果，即灰度图像和原图像如图 2 - 7 所示。

图2-7 灰度图像和原图像

2.5 通道操作

在图像处理过程中，通道操作主要是指对 RBG 图像的通道进行拆分与合并。OpenCV 中，RBG 图像是按照 B 通道、G 通道、R 通道的顺序存储的。

2.5.1 通道拆分

OpenCV 中，通道拆分主要分为两种方式，一种方式为通过数组索引的方式拆分通道，另一种方式为使用函数拆分通道。由于彩色图像被读取后，图像数据是一个三维数组，因此可以通过数组的索引分别引用图像中的三个通道。经过通道拆分后，由一张彩色图像可以分别得到 B 通道的图像、G 通道的图像、R 通道的图像。例如，对于图像 img，下列语句可以分别得到 B 通道、G 通道和 R 通道。

```
b = img[:,:,0]
g = img[:,:,1]
r = img[:,:,2]
```

应用实例：编写程序，对当前目录下的图像进行通道拆分

```
import cv2
image = cv2.imread('../images/lena.png')
b = image[:, :, 0]
g = image[:, :, 1]
r = image[:, :, 2]
cv2.imshow('B channel', b)
cv2.imshow('G channel', g)
cv2.imshow('R channel', r)
cv2.waitKey(0)
cv2.destroyAllWindows()
```

程序运行结果，即 RBG 图像通道拆分如图 2-8 所示。图 2-8a 为 B 通道，图 2-8b 为 G 通道，图 2-8c 为 R 通道。从运行结果中可以看出，RGB 图像经过通道拆分后，由原来的三通道的彩色图像变成了三张单通道的灰度图像。

a) B通道　　b) G通道　　c) R通道

图2-8　RBG 图像通道拆分

函数 cv2. split( )能够对彩色图像的通道进行拆分，该函数返回值为三个二维数组，分别代表 B 通道、G 通道和 R 通道。使用格式如下：

```
b,g,r = cv2.split(img)
```

主要参数说明如下：

img：要进行通道拆分的彩色图像。

返回值b，g，r为拆分后的B通道、G通道和R通道。

应用实例：使用cv2. split( )函数进行通道拆分

```
import cv2
image = cv2.imread('../images/lena.png')
b, g, r = cv2.split(image)
cv2.imshow('B channel', b)
cv2.imshow('G channel', g)
cv2.imshow('R channel', r)
cv2.waitKey(0)
cv2.destroyAllWindows()
```

程序运行结果与图2-8相同。两种方法都可以完成通道的拆分，引用数组索引的方式效率会更高。

2.5.2 通道合并

通道合并是通道拆分的逆过程，图像处理的过程中，可能需要单独对某张彩色图片的某个通道进行处理，然后再将三个通道合并，构成处理后的彩色图片。OpenCV中使用cv2. merge( )函数可以实现通道的合并，基本使用格式如下：

```
img = cv2.merge([b,g,r])
```

主要参数说明如下：

b，g，r：分别代表3个通道图像。

返回值img表示通道合并后的彩色图像，cv2. merge( )函数表示按照b，g，r的通道顺序进行合并。

应用实例：编写程序，对当前目录下的lena. png图像进行通道拆分，然后，分别按照R通道、G通道、B通道的顺序和G通道、R通道、B通道的顺序进行合并

```
import cv2
image = cv2.imread('../images/lena.png')
b, g, r = cv2.split(image)
imageRGB = cv2.merge([r, g, b])
imageGRB = cv2.merge([g, r, b])
cv2.imshow('image', image)
cv2.imshow('imageRGB', imageRGB)
cv2.imshow('imageGRB', imageGRB)
cv2.waitKey(0)
cv2.destroyAllWindows()
```

程序运行结果，即通道合并如图 2－9 所示，图 2－9a 是原图，也就是按照 B、G、R 的通道顺序显示的彩色图像，图 2－9b 和图 2－9c 在通道合并时改变了原图的通道顺序，可以看出按照不同的通道顺序合并，彩色图像显示的效果是不一样的。

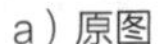
a）原图

b）按R、G、B通道顺序合并

c）按G、R、B通道顺序合并

图2－9　通道合并

2.6　感兴趣区域

在图像处理的过程中，通常会对图像中的某个区域比较感兴趣，则这个区域被称为感兴趣区域（Region of Interest，ROI）。确定感兴趣区域后，通过对存储图像数据的三维数组的操作来提取这个区域，可以将 ROI 提取出来后重新赋值，也可以单独将 ROI 区域提取后重新存储起来，还可以将这个区域赋值给某个变量，然后将这个变量赋值给另一张图像的某个区域。

应用实例：提取当前目录下 lena. png 图片的头部信息，并显示出来

```
import cv2
image = cv2.imread('../images/lena.png')
# 设置 ROI 区域
roi = image[25:195, 50:210]
cv2.imshow('image', image)
cv2.imshow('roi', roi)
cv2.waitKey(0)
cv2.destroyAllWindows()
```

程序运行结果，即提取图像中的头部信息如图 2－10 所示。图中，图 2－10a 是原图，图 2－10b为从原图中提取出的 ROI 区域。

a) 原图

b) 提取出的ROI区域

图2－10　提取图像中的头部信息

应用实例：为当前目录下的图片 lena. png 打码，使用矩形遮住图片中人物的眼部，矩形中的像素值为随机生成

```
import cv2
import numpy as np

image = cv2.imread('../images/lena.png')

# 修改原有图像
rec = np.random.randint(0, 256, (20, 60, 3))
image[125:145, 120:180] = rec

cv2.imshow('random', image)
cv2.waitKey(0)
cv2.destroyAllWindows()
```

首先要确定人物的眼部信息的位置和用于遮住眼部信息的矩形框的大小，经过估计，眼部信息的位置大约从水平位置 120、垂直位置 125 开始，到水平位置 180、垂直位置 145 结束，这个区域就是 ROI 区域。确定了眼部信息的位置和大小之后，定义矩形框，矩形框内的像素值随机生成，大小为高度 20、宽度 60，该矩形框用一个三维数组表示，数组内的元素随机生成，最小值为 0，最大值为 255。最后将表示矩形框的三维数组赋值给图像的 ROI 区域，完成图片的打码操作。程序运行结果，即使用矩形遮挡眼部如图 2 - 11 所示。

图 2 - 11　使用矩形遮挡眼部

应用实例：编写程序，将一幅图像中的 ROI 赋值到另一幅图像

```
import cv2

oneImage = cv2.imread('../images/lena.png')
otherImage = cv2.imread('../images/heart.jpg')

face = oneImage[110:190, 110:180]
otherImage[80:160, 95:165] = face

cv2.imshow('face', otherImage)
cv2.waitKey(0)
cv2.destroyAllWindows()
```

首先获取 lena. png 图片中的人物的头部信息，该部分信息就是所谓的 ROI 区域，将其赋值给变量 face，然后再将 face 的值赋值给图片 heart. jpg 中某个区域，在赋值的过程中，要保证等号两边的数组维度的大小相同，否则程序会出现错误。程序运行结果，即 ROI 赋值给另一张图片的某个区域如图 2 - 12 所示。

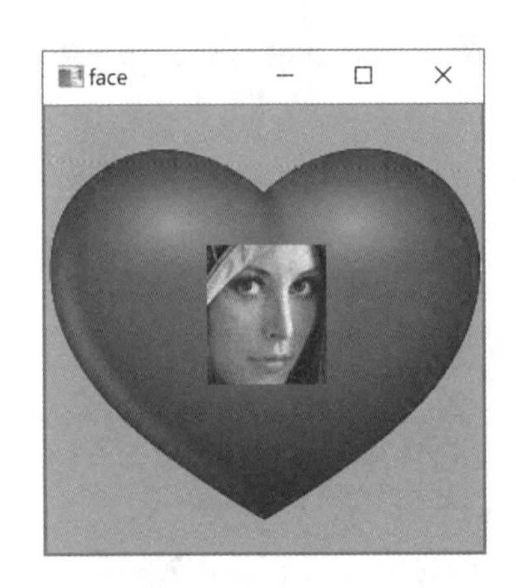

图 2-12 ROI 赋值给另一张图片的某个区域

2.7 图像运算

图像运算是图像处理中的一种基础操作，是指以图像为单位进行操作，即图像中所有的像素都参与运算，得到的结果是一副与原来灰度分布不同的新图像，具体的运算主要包括算术运算和位运算。算术运算是指对两幅或两幅以上的图像对应像素的灰度值做加法、减法、乘法或除法等运算。本节中以算数运算中的加法运算为例进行介绍。加法运算和位运算都是比较基础的图像运算，对于一些复杂的图像处理是非常有帮助的。

2.7.1 加法运算

图像的加法运算是将两幅图像对应的像素的灰度值相加。有两种方式可以实现图像的加法，一种是使用加号运算符“+”对图像进行加法运算，另一种是使用 cv2. add( ) 函数实现图像加法运算。

一般情况下，图像像素的灰度值用 8 位二进制数（一个字节）表示，所以像素的灰度值的取值范围是［0，255］，当两幅图像对应像素的灰度值相加时，相加的结果可能会超过 255，以上两种实现图像加法运算对相加结果超过 255 的情况处理方式是不同的。

（1）加号运算符　使用加号运算符“+”对两幅图像进行相加时，如果两幅图像的对应像素的灰度值相加结果小于或等于 255，则直接相加并得到运算结果，也可以将得到的运算结果对 256 取余。例如，灰度值 20 和灰度值 30 相加，结果为 50，将 50 对 256 取余，得到结果也是 50。如果两幅图像的对应像素的灰度值相加结果大于 255，则得到的结果对 256 取余 (或称为取模)，得到结果为相加后的结果，例如，灰度值 150 和灰度值 200 相加，得到的结果为 350，使用 350 对 256 取余，得到的结果为 94，94 为这两个灰度值相加后的结果。因此，使用加号运算符完成图像的加法可以表示成 $a + b = \mathrm{mod}(a + b, 256)$，表示无论相加的结果是否大于 255，都将相加结果对 256 取余，得到的余数就是最终相加的结果。

应用实例：编写程序，随机生成 5×5 的二维数组来模拟图像，数组中的数据类型定义为 unit8，以保证数据的范围在［0，255］之间，将两个二维数组使用加号运算符相加并观察得到的结果

```
import numpy as np

img1 = np.random.randint(0, 256, size=[5, 5], dtype=np.uint8)
img2 = np.random.randint(0, 256, size=[5, 5], dtype=np.uint8)
img3 = img1 + img2
print("image1 = \n", img1)
print("image2 = \n", img2)
print("image1 + image2 = \n", img3)
```

程序运行结果，即使用加号运算符进行图像相加的结果如图2－13所示。

```
image1=
 [[ 67 222 230 162 186]
 [147  41  93 154 125]
 [223 235 145  96  18]
 [192  36 134 251  55]
 [248 194  47 139  22]]
image2=
 [[ 16   5 212 192 189]
 [157 255 160  84  51]
 [  2 215 165 170 181]
 [ 59 177 241 207 200]
 [186 129  79 145 245]]
image1+image2=
 [[ 83 227 186  98 119]
 [ 48  40 253 238 176]
 [225 194  54  10 199]
 [251 213 119 202 255]
 [178  67 126  28  11]]
```

图2－13 使用加号运算符进行图像相加的结果

从程序运行结果可以看出，使用加号运算符相加时，结果为对应的像素的灰度值相加后对256取余。需要注意的是，要保证数组中的元素的数据类型是uint8，这样相加的结果才能对256做取模运算。

应用实例：编写程序，使用加号运算符计算两幅灰度图像的像素值之和，观察运算结果

```
import cv2

image1 = cv2.imread('../images/lena.png', 0)
image2 = image1

result = image1 + image2

cv2.imshow("image", image1)
cv2.imshow("result", result)

cv2.waitKey(0)
cv2.destroyAllWindows()
```

程序的运行结果，即使用加号运算符进行图像相加的结果如图2－14所示。图2－14a为原图，图2－14b为原图自身相加后的结果。从运行结果中可以看出，原图中颜色较亮的像素值比较大，相加后，结果大于255，对256取模后得到的结果比较小，使得原本应该更亮的像素点变得更暗了，在图 2－14b 中，可以看到某些区域的颜色比较暗就是这个原因。

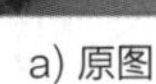
a) 原图

b) 和自身相加

图 2－14　使用加号运算符进行图像相加的结果

（2） cv2. add( )函数　函数 cv2. add( )用来计算两幅相加的和，其语法格式为：

```
result = cv2.add(src1,src2)
```

主要参数说明如下：

result 表示运算的结果。参数 src1 和 src2 有两种情况，第一种情况，src1 和 src2 都是图像，此时要保证两幅图像的类型和大小必须相同；第二种情况，参数 src1 和 src2 中，一个是图像，另一个是数值，此时运算结果为图像中的每个像素值都加上一个相同的数值。cv2. add( ) 函数在计算过程中，与加号运算符在计算过程中是有区别的，当两个像素的灰度值相加的结果小于 255 时，则直接相加得到运算结果，例如，灰度值 29 和灰度值 37 相加，直接得到计算结果 66；当两个像素的灰度值相加的结果大于或等于 255 时，则将运算结果处理为饱和值 255，例如，灰度值 230 和灰度值 36 相加，即 230 + 36 = 266，大于 255，则得到计算结果为 255。

应用实例：随机生成 5 × 5 的二维数组来模拟图像，数组中的数据类型定义为 unit8，以保证数据的范围在［0，255］之间，将两个二维数组使用 cv2. add( ) 函数相加并观察结果

```
import cv2
import numpy as np

img1 = np.random.randint(0, 256, size=[5, 5], dtype=np.uint8)
img2 = np.random.randint(0, 256, size=[5, 5], dtype=np.uint8)
img3 = cv2.add(img1, img2)

print("image1 = \n", img1)
print("image2 = \n", img2)
print("image1 + image2 = \n", img3)
```

程序运行结果，即使用 cv2. add( ) 函数进行图像相加的结果如图 2－15 所示，从运行结果可以看出，当两个像素的灰度值相加结果大于 255 时，最终结果为 255。

```
image1=
 [[231 148 140  18  65]
 [ 75 231 239 108  73]
 [ 73 109  11  98 123]
 [119 193  97  76  61]
 [ 71 162  43 141 160]]
image2=
 [[168 219 161 232 228]
 [140 249 158   0  46]
 [143  23  48  24   4]
 [187 175 255 181  20]
 [ 37 156  34 224 235]]
image1+image2=
 [[255 255 255 250 255]
 [215 255 255 108 119]
 [216 132  59 122 127]
 [255 255 255 255  81]
 [108 255  77 255 255]]
```

图2-15　使用 cv2. add()函数进行图像相加的结果

应用实例：使用 cv2. add( )函数计算两幅灰度图像的像素值之和，观察运算结果

```
import cv2

image1 = cv2.imread('../images/lena.png', 0)
image2 = image1
add = cv2.add(image1, image2)

cv2.imshow("image", image1)
cv2.imshow("result", add)

cv2.waitKey(0)
cv2.destroyAllWindows()
```

程序运行结果，即使用 cv2. add( )函数进行图像相加的结果如图2-16所示，从运行结果中可以看出，相加后的图像颜色整体变亮，主要原因是，原图中相对比较亮的区域在进行加法运算后，其灰度值超过了255，按照 cv2. add( )函数的计算方法，直接将其处理为255，即使相加没有超过255的灰度值，相对于原图的灰度值也增加了，因此相加后图像整体变亮了。

a) 原图

b) 与自身相加

图2-16　使用 cv2. add ( ) 函数进行图像相加的结果

2.7.2 加权加法运算

加权加法运算就是图像的加权和，也就是说在进行图像相加的时候把每张图片的权重值考虑进来，可以写成如下的公式：

$$result = src1 \times \alpha + src2 \times \beta + \gamma$$

src1 和 src2 表示图像，α 和 β 分别代表图像 src1 和 src2 的权重系数，γ 为亮度调节系数。src1 图像和 src2 图像大小和通道数必须一致，可以是彩色图像，也可以是灰度图像，但必须要保持一致。在 OpenCV 中，可以使用函数 cv2. addWeighted( )实现图像的加权和。该函数的语法格式为：

```
result = cv2.addWeighted(src1, alpha, src2, beta, gamma)
```

主要参数说明如下：

result 表示计算结果。src1 和 src2 表示图像。alpha 和 beta 分别为图像 src1 和 src2 的权重系数，这两个参数一般情况下取值为 0 到 1 之间，相加结果可以为 1，也可以不为 1。gamma 为亮度调节系数，是必选参数，即使为 0 也必须要写到 cv2. addWeighted( ) 函数中。

应用实例：对两幅图像做图像加权和

```
import cv2

image1 = cv2.imread('../images/lena.png')
image2 = cv2.imread('../images/heart.jpg')

# 加权相加
result = cv2.addWeighted(image1, 0.5, image2, 0.5, 0)
cv2.imshow('result', result)
cv2.waitKey(0)
cv2.destroyAllWindows()
```

程序运行结果，即图像加权和如图 2－17 所示。图 2－17a 和图 2－17b 是两幅需要相加的图片，图 2－17c 是相加后的结果，从结果中可以看出，相当于将两张图片进行了合成。程序中，两张图片的权重系数均取值为 0.5，如果想在相加后的图片中着重表现两张图片中的某一张，可以将这张图片的权重系数设置的较大一些。另外如果想增加结果图像的整体亮度，可以设置 gamma 参数的值，这里 gamma 取值为 0。

a）原图1

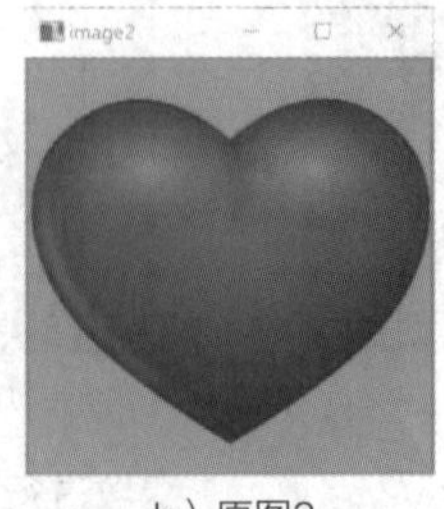

b）原图2

c）相加结果

图 2－17 图像加权和

2.7.3 位运算

位运算是指按位运算，即将要进行运算的两个操作数转换成二进制数，然后按位对齐进行运算。位运算包括四种运算方式，分别是按位与运算、按位或运算、按位异或运算和按位非运算。计算规则见表2-2。

表2-2 四种按位运算规则

	按位与运算	按位或运算	按位异或运算	按位非运算
操作数1	1100 0100	1100 0100	1100 0100	1100 0100
操作数2	1101 1010	1101 1010	1101 1010	
结果	1100 0000	1101 1110	0001 1110	0011 1011

OpenCV中提供了如下的图像位运算函数：

- cv2.bitwist_and(src1, src2 [, mask])：按位与，src1和src2执行按位与操作。
- cv2.bitwist_or(src1, src2 [, mask])：按位或，src1和src2执行按位或操作。
- cv2.bitwist_xor(src1, src2 [, mask])：按位异或，src1和src2执行按位异或操作。
- cv2.bitwist_not(src1 [, mask])：按位非，src1执行按位取反操作。

以上函数中，参数mask表示可选操作掩码，是8位单通道的ndarray类型。

应用实例：编写程序，对两幅图像进行按位运算

```
import cv2

image1 = cv2.imread('../images/lena.png')
image2 = cv2.imread('../images/heart.jpg')

result1 = cv2.bitwise_and(image1, image2)
result2 = cv2.bitwise_or(image1, image2)
result3 = cv2.bitwise_xor(image1, image2)
result4 = cv2.bitwise_not(image2)

cv2.imshow('and', result1)
cv2.imshow('or', result2)
cv2.imshow('xor', result3)
cv2.imshow('not', result4)

cv2.waitKey(0)
cv2.destroyAllWindows()
```

程序运行结果，即按位运算结果如图2-18所示。

在某些情况下，如果按位运算的其中一个操作数是特殊的值，如0000 0000和1111 1111，与特殊值进行按位运算时，得到的结果存在一些规律。具体规律见表2-3～表2-5。

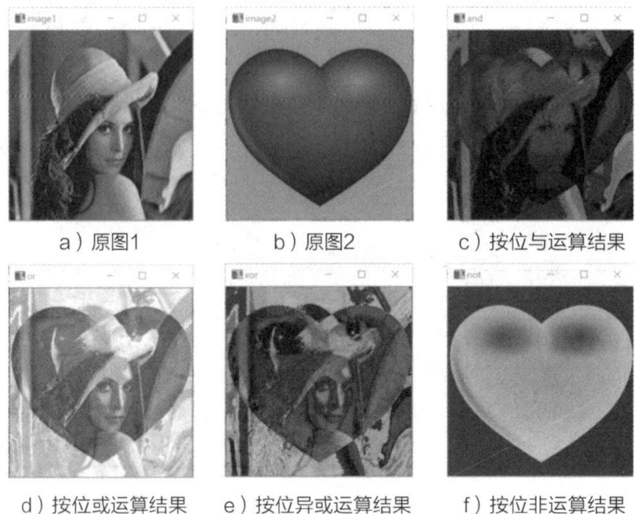

a）原图1　b）原图2　c）按位与运算结果

d）按位或运算结果　e）按位异或运算结果　f）按位非运算结果

图2-18　按位运算结果

表2-3　与特殊值0或255进行按位与运算

按位与运算	二进制(十进制)	二进制(十进制)
数值N	1100 0100	1100 0100
0或255	0000 0000	1111 1111
结果	0000 0000	1100 0100
说明	任意数与0按位与运算，结果为0	任意数与1按位与运算，结果为N

表2-4　与特殊值0或255进行按位或运算

按位或运算	二进制(十进制)	二进制(十进制)
数值N	1100 0100	1100 0100
0或255	0000 0000	1111 1111
结果	1100 0100	1111 1111
说明	任意数与0按位或运算，结果为N	任意数与1按位或运算，结果为255

表2-5　与特殊值0或255进行按位异或运算

按位异或运算	二进制(十进制)	二进制(十进制)
数值N	1100 0100	1100 0100
0或255	0000 0000	1111 1111
结果	1100 0100	0011 1011
说明	任意数与0按位异或运算，结果为N	任意数与1按位异或运算，结果为对N取反

根据上述特点，可以构造一幅图像，图像中有两种值，一种是0，另一种是255，这种图像通常称为掩模图像，将该图像与一幅灰度图像进行按位与运算，可以选取出灰度图像中的某个区域，也可以进行其他的按位运算。

应用实例：构造一幅掩模图像，保留 lena. png 图像中的头部信息

```
import cv2
import numpy as np

image1 = cv2.imread('../images/lena.png', 0)
mask = np.zeros(image1.shape, dtype=np.uint8)
mask[50:200, 50:200] = 255
result = cv2.bitwise_and(image1, mask)

cv2.imshow('image', image1)
cv2.imshow('mask', mask)
cv2.imshow('result', result)

cv2.waitKey(0)
cv2.destroyAllWindows()
```

程序运行结果，即掩模的应用如图2-19所示。从程序运行结果中可以看出，图2-19b是构造出的掩模图像，中间白色区域的像素值为255，四周黑色区域的像素值为0。在与图2-19a进行按位与运算时，在结果图像中，与白色区域进行按位与运算后得到的结果为原图像的像素值，与黑色区域进行按位与运算后得到的结果为0，因此，被掩模指定的头部图像被保留了下来。灰度图像可以这样进行操作，BGR模式的彩色图像也可以如法炮制。由于构建的掩模图像必须要和原图像的大小和通道数保持一致，因此如果对彩色图像进行操作，构建的掩模图像必须是三维数组。

a）原图

b）掩模图像

c）按位与运算结果

图2-19 掩模的应用

案 例

案例1：编写程序，将彩色图像处理为灰度图像

将彩色图片处理为灰度图像，方法主要分为两种，一种是使用OpenCV自带的功能去实现，另一种是手动编写。使用第一种方法很简单，在使用cv2. imread()函数读取图像时，将flag参数的值设置为cv2. IMREAD_GRAYSCALE或者0即可，此时读入的图像就是单通道的灰度图像。使用第二种手动编写的方法时，需要考虑如何将三通道的三个像素值转换为单通道的一个像素值，这里方法有很多，可以取三个像素值的均值，可以取最大值，可以取最小值，也可以取加权平均值。以上两种方法的程序代码分别如下：

方法 1：

```
import cv2
image = cv2.imread('../images/lena.png', cv2.IMREAD_GRAYSCALE)
cv2.imshow('grey1',image)
cv2.waitKey()
cv2.destroyAllWindows()
```

方法 1 的程序运行结果如图 2-20 所示。

图2-20 方法1的程序运行结果

方法 2：

```
import cv2
import numpy as np
image = cv2.imread('../images/lena.png')
image = np.sum(image, axis=2)
image[..., :] = image[..., :] /3
image = np.array(image, dtype=np.uint8)
cv2.imshow('grey', image)
cv2.waitKey(0)
cv2.destroyAllWindows()
```

方法 2 的程序运行结果如图 2-21 所示，该程序采用的是用均值方法将彩色图像处理为灰度图像。

图2-21 方法2的程序运行结果

案例2：编写程序，针对图像中的某个区域做处理

图像处理过程中，在某些情况下，希望对图像的局部区域做处理，其他区域保持不变，此时需要提取这个需要处理的特定区域，即ROI区域，对这个特定区域处理完成后，再重新赋值给该图像的这个区域。程序代码如下：

```
import cv2

image = cv2.imread('../images/lena.png')

region = image[100:200, 100:200]
region = cv2.add(region, 100)
image[100:200, 100:200] = region

cv2.imshow('lena', image)

cv2.waitKey(0)
cv2.destroyAllWindows()
```

案例2的程序运行结果如图2-22所示。

图2-22 案例2的程序运行结果

案例3：图像掩模处理，通过掩模获取图像中的某个区域

OpenCV中，很多函数都会指定一个掩模，例如，函数cv2.add（src1，src2[，mask]），其中mask为掩模，一般情况下，掩模图像由黑色和白色两种颜色构成，并且掩模图像为单通道图像，该函数表示将图像src1和图像src2相加的结果和掩模图像做按位与运算。因此，可以将相加后的图像通过掩模将感兴趣的区域获取出来。其他的按位运算的函数也都带掩模参数，使用方法和cv2.add()函数中的掩模参数相同。程序代码如下：

```
import cv2
import numpy as np

image1 = cv2.imread('../images/lena.png')
image2 = cv2.imread('../images/heart.jpg')

mask = np.zeros((image1.shape[0], image1.shape[1]), dtype=np.uint8)
mask[50:200, 50:200] = 255
result = cv2.add(image1, image2, mask=mask)
```

```
cv2.imshow('mask', mask)
cv2.imshow('result', result)
cv2.waitKey(0)
cv2.destroyAllWindows()
```

案例 3 的程序运行结果如图 2-23 所示。

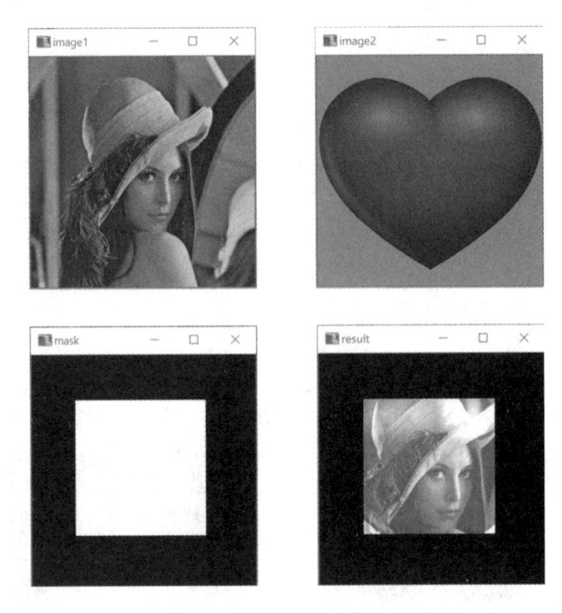

图 2-23 案例 3 的程序运行结果

习 题

1. 读取一张图片，显示时将图像大小减小为原来的 1/2。
2. 读取并播放一段视频，输出帧频率和视频的大小。
3. 输出一张图片的属性，包括图片的大小、通道数、总像素数、图像数据的数据类型。
4. 随机生成一幅彩色图像。
5. 读取一张图片，将其按照 RGB 的通道顺序显示出来。
6. 读取一张图片，获取感兴趣的区域。
7. 合成两张图片，并获取感兴趣的区域，将其保存到磁盘中。
8. 读取一张图片，将其处理为灰度图片，处理方法为获取三通道中最大的像素值作为灰度图片中的像素值。

第 3 章 图像绘制

本章主要介绍利用 OpenCV 绘制线段、圆、椭圆、多边形等图形的方法，OpenCV 提供了 cv2. line ( )、cv2. circle ( )、cv2. rectangle ( )、cv2. ellipse ( )、cv2. putText( )等函数，利用这些函数可以绘制直线、矩形、圆、椭圆等几何图形，并能在图像中添加文字。

扫码看视频

OpenCV 提供了鼠标事件，利用鼠标事件识别鼠标操作，实现与图像的交互功能。OpenCV 还提供了滚动条这种非常便捷的交互工具，依附于特定窗口存在，通过调节滚动条的设置，获取指定范围内的特定值，应用于后续的图像处理中。本章主要介绍图形绘制函数的用法、如何利用鼠标事件和滚动条实现交互功能等。OpenCV 图形绘制步骤如图 3 - 1所示。

图 3 - 1　OpenCV 绘制图形的步骤

3.1　绘制线段与箭头线

3.1.1　绘制线段

OpenCV 使用函数 cv2. line( )在图像上绘制一段直线，其格式为：

```
cv2.line(img, pt1,pt2,color[,thickness[,lineType[,shift]]])
```

参数说明如下：

img：要绘制的直线所在的图像，也称为画布。

pt1：直线的起点位置，是一个坐标点，以（X，Y）表示。

pt2：直线的终点位置，是一个坐标点，以（X，Y）表示。

color：表示直线的颜色，颜色值为 BGR。

thickness：线条宽度。

lineType：线条类型，取值可以是 cv2. LINE_4、cv2. LINE_8、cv2. LINE_AA。参数说明见表 3 - 1。

shift：位移因数，直线坐标点小数点位数。

上述参数中，img、pt1、pt2、color 为必需参数，其他为可选项。

表 3－1 lineType 参数说明

线条类型参数	说明
cv2. FILLED	填充
cv2. LINE_4	4 表示连接类型
cv2. LINE_8	8 表示连接类型
cv2. LINE_AA	AA 表示抗锯齿，该参数会让线条更平滑

3.1.2 绘制箭头线

OpenCV 使用函数 cv2. arrowedLine( ) 在图像上绘制带箭头的线段。其格式为：

```
cv2.arrowedLine(img, pt1, pt2, color[, thickness[, line_type[, shift[, tipLength]]]])
```

参数说明如下：

img：要绘制的直线所在的图像，也称为画布。

pt1：直线的起点位置，是一个坐标点，以（X，Y）表示。

pt2：直线的终点位置，是一个坐标点，以（X，Y）表示。

color：表示直线的颜色，颜色值为 BGR。

thickness：线条宽度。

line_type：线条类型。取值可以是 cv2. LINE_4、cv2. LINE_8、cv2. LINE_AA。参数说明见表 3－1。

shift：位移因数，表示直线坐标点小数点位数。

tipLength：箭头因数，箭头尖端的长度相对线段的长度为比例多少。

上述参数中 img、pt1、pt2、color 为必需参数，其他为可选项。

应用实例：在给定的画布上绘制线段

```
import numpy as np
import cv2
img = np.ones((300, 300, 3), np.uint8) * 255
cv2.line(img, (100, 0), (100, 300), (0, 0, 255), 2)
cv2.line(img, (50, 0), (200, 300), (0, 0, 255), 2)
cv2.namedWindow("line", cv2.WINDOW_NORMAL)
cv2.imshow("line", img)
cv2.imwrite("888.jpg", img)
cv2.waitKey(0)
cv2.destroyAllWindows()
```

在给定的画布上绘制线段，输出结果如图 3－2 所示。

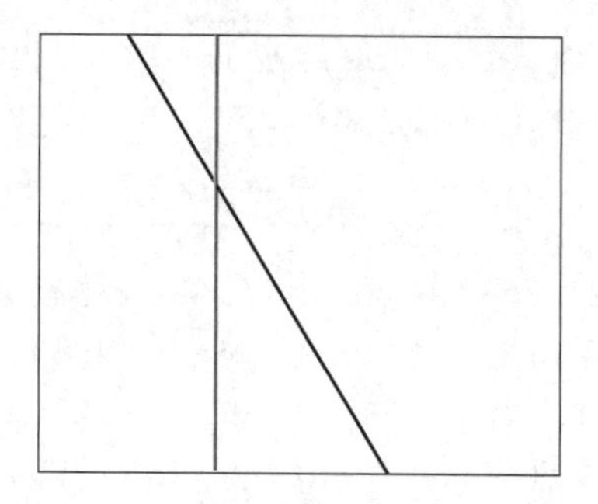

图3-2 在给定的画布上绘制线段

应用实例：绘制带有箭头的线段

```
import numpy as np
import cv2

img = np.ones((300, 300, 3), np.uint8) * 255
cv2.arrowedLine(img, (50, 50), (255, 255), (0, 0, 255), 5)
cv2.arrowedLine(img, (50, 50), (150, 255), (0, 255, 255), 5)

cv2.namedWindow('arrowedLine', cv2.WINDOW_NORMAL)
cv2.imshow('arrowedLine', img)
cv2.imwrite("101.jpg",img)
cv2.waitKey(0)
cv2.destroyAllWindows()
```

绘制带有箭头的线段，输出结果如图3-3所示。

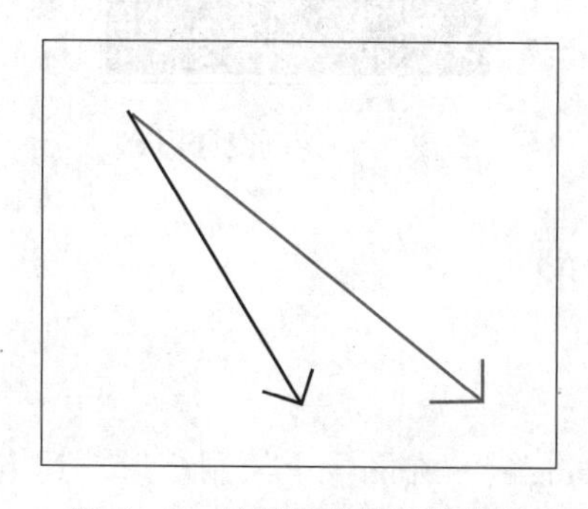

图3-3 绘制带有箭头的线段

应用实例：绘制交通标志

```
import cv2
import numpy as np

img = np.zeros((300, 200, 3), dtype=np.uint8)
img[:, :, 0] = 110
```

```
cv2.rectangle(img, (2, 2), (198, 298), color = (255, 255, 255), thickness = 2)
cv2.line(img, (98, 27), (15, 80), (255, 255, 255), 2)
cv2.line(img, (15, 80), (15, 132), (255, 255, 255), 2)
cv2.line(img, (15, 132), (70, 107), (255, 255, 255), 2)
cv2.line(img, (70, 107), (70, 282), (255, 255, 255), 2)
cv2.line(img, (70, 282), (126, 282), (255, 255, 255), 2)
cv2.line(img, (126, 282), (126, 108), (255, 255, 255), 2)
cv2.line(img, (126, 108), (183, 127), (255, 255, 255), 2)
cv2.line(img, (183, 127), (183, 78), (255, 255, 255), 2)
cv2.line(img, (183, 78), (98, 27), (255, 255, 255), 2)

cv2.imshow("img", img)
cv2.waitKey(0)
cv2.destroyAllWindows()
```

绘制交通标志，输出结果如图 3-4 所示。

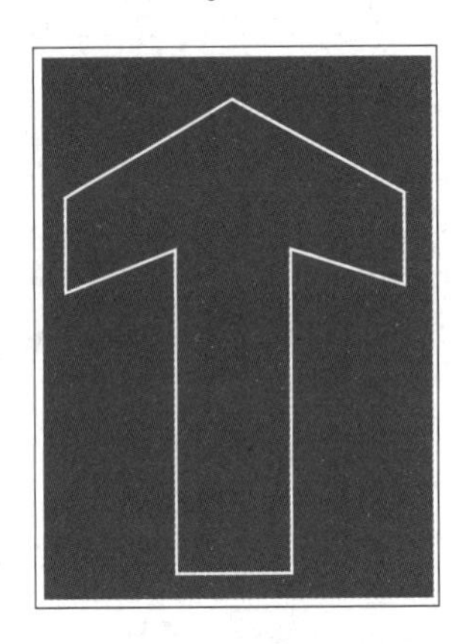

图3-4　绘制交通标志

3.2　绘制矩形与填充图形

3.2.1　绘制矩形

OpenCV 使用函数 cv2. rectangle( )在图像上绘制矩形。其格式为：

```
cv2.rectangle(img, pt1, pt2, color[, thickness[, lineType[, shift]]])
```

参数说明如下：

img：要绘制的直线所在的图像，也称为画布。

pt1：直线的起点位置，是一个坐标点，以（X，Y）表示。

pt2：直线的终点位置，是一个坐标点，以（X，Y）表示。

color：表示直线的颜色，颜色值为 BGR。

thickness：矩形线条宽度。

lineType：线条类型，取值可以是 cv2. LINE_ 4、cv2. LINE_ 8、cv2. LINE_ AA。参数说

明见表3-1。

shift：位移因数，表示直线坐标点小数点位数。

上述参数中img、pt1、pt2、color为必需参数，其他为可选项。

3.2.2　绘制填充图形

OpenCV使用函数cv2.fillConvexPoly()在图像上绘制填充图形，具体格式为：

```
cv2.fillConvexPoly( img, points, color[, lineType[, shift]] )
```

参数说明如下：

img：输入的图像。

points：多边形点坐标数组。

color：线段颜色。

lineType：线段类型，取值可以是cv2.LINE_4、cv2.LINE_8、cv2.LINE_AA。参数说明见表3-1。

shift：位移因数，表示直线坐标点小数点位数。

应用实例：在给定的画布上绘制矩形

```
import cv2
import numpy as np

img = np.ones((300, 300, 3), np.uint8) * 255

cv2.rectangle(img, (100, 50), (210, 120), color=(0, 0, 255), thickness=3)
cv2.rectangle(img, (80, 30), (260, 180), color=(255, 0, 0), thickness=3)

cv2.imshow("rectangle", img)
cv2.imwrite("103.jpg", img)
cv2.waitKey(0)
cv2.destroyAllWindows()
```

绘制矩形，输出结果如图3-5所示。

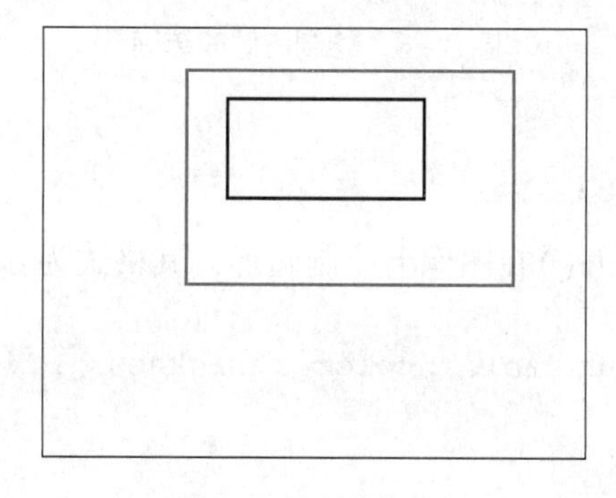

图3-5　绘制矩形

应用实例：绘制房屋的简笔画

```
import cv2
import numpy as np

img = np.ones((640,640,3),np.uint8) * 255

rect1 = np.array([[200,200],[440,200],[320,100]])
cv2.fillConvexPoly(img,rect1,(120,120,120))

rect2 = np.array([[200,200],[440,200],[440,400],[200,400]])
cv2.fillConvexPoly(img,rect2,(19,14,90))

rect3 = np.array([[250,250],[300,250],[300,300],[250,300]])
cv2.fillConvexPoly(img,rect3,(255,255,255))

cv2.line(img,(275,250),(275,300),(0,0,0),1)
cv2.line(img,(250,275),(300,275),(0,0,0),1)
rect4 = np.array([[350,400],[400,400],[400,320],[350,320]])
cv2.fillConvexPoly(img,rect4,(255,255,255))
cv2.circle(img,center=(390,355),radius=5,color=(0,0,0),thickness=-1)

cv2.imshow('img',img)
cv2.waitKey(0)
cv2.destroyAllWindows()
```

绘制房屋简笔画，输出结果如图 3-6 所示。

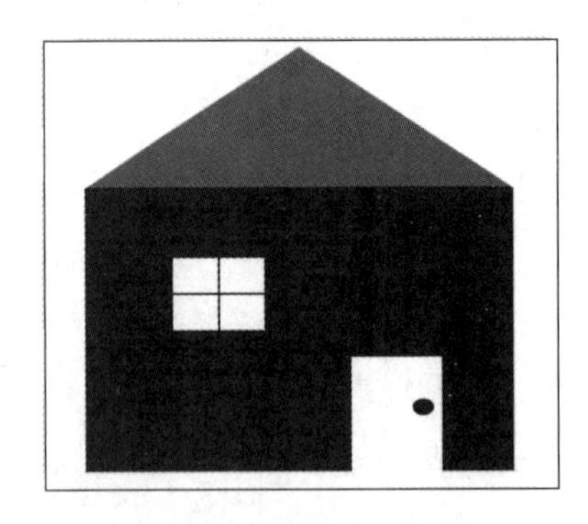

图 3-6 绘制房屋简笔画

3.3 绘制圆形

OpenCV 使用函数 cv.circle()在图像上绘制圆形，其格式为：

```
cv2.circle(img,center,radius,color[,thickness[,lineType[,shift]]])
```

参数说明如下：

img：要绘制的圆所在的矩形或图像。

center：圆心坐标。

radius：圆的半径值。

color：圆边框颜色，颜色值为 BGR。

thickness：圆边框大小，负值表示该圆是一个填充图形。

lineType：线条类型，取值可以是 cv2. LINE_4、cv2. LINE_8、cv2. LINE_ AA。参数说明见表 3－1。

shift：圆心坐标和半径的小数点位数。

上述参数中 img、pt1、pt2、color 为必需参数，其他为可选项。

应用实例：在给定的画布上绘制圆形图形

```
import cv2
import numpy as np

img = np.ones((300, 300, 3), np.uint8) * 255

cv2.circle(img, center = (50, 50), radius = 30, color = (0, 0, 255), thickness = 2)
cv2.circle(img, center = (100, 100), radius = 80, color = (0, 0, 255), thickness = 2)

cv2.imshow("circle", img)
cv2.imwrite("105.jpg", img)
cv2.waitKey(0)
cv2.destroyAllWindows()
```

绘制圆形，输出结果如图 3－7 所示。

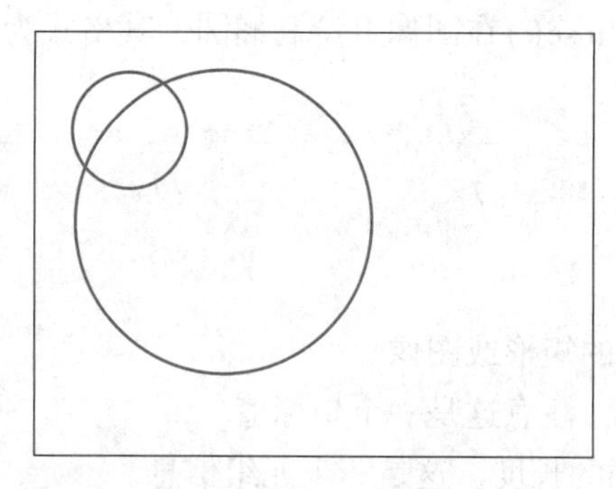

图3-7　绘制圆形

应用实例：绘制奥运五环标志

```
import cv2
import numpy as np

img = np.ones((640, 640, 3), np.uint8) * 255

cv2.circle(img, center = (250, 250), radius = 50, color = (255, 0, 0), thickness = 4)
cv2.circle(img, center = (360, 250), radius = 50, color = (100, 100, 100),
thickness = 4)
```

```
cv2.circle(img, center=(470,250), radius=50, color=(0, 0, 255), thickness=4)
cv2.circle(img, center=(305,320), radius=50, color=(0,255,255), thickness=4)
cv2.circle(img, center=(415,320), radius=50, color=(0,255,0), thickness=4)

cv2.imshow("wuhuan", img)
cv2.waitKey(0)
cv2.destroyAllWindows()
```

绘制奥运五环标志，输出结果如图 3－8 所示。

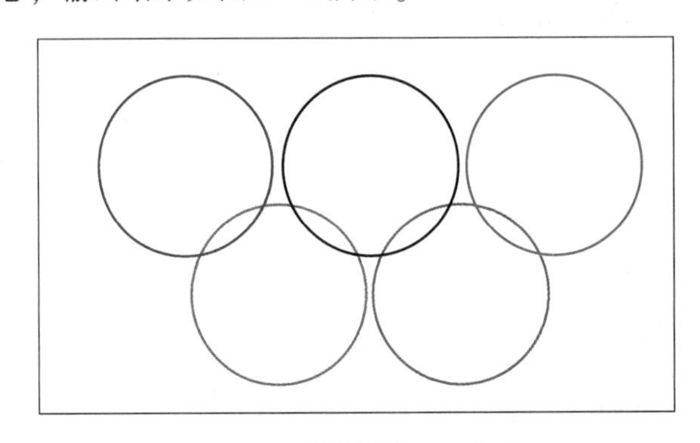

图3－8　绘制奥运五环标志

3.4　绘制椭圆

OpenCV 使用函数 cv2. ellipse( )在图像上绘制椭圆，其格式为：

```
cv2.ellipse(img, center, axes, rotateAngle, startAngle, endAngle, color[,
thickness[, lineType[, shift]]])
```

参数说明如下：

img：要绘制的椭圆所在的矩形或图像。

center：椭圆的圆心坐标，注意这是一个坐标值。

axes：椭圆的长轴和短轴的长度，这是一个元组信息。

rotateAngle：椭圆旋转的角度。

startAngle：椭圆弧起始角度。

endAngle：椭圆弧终止角度。

color：椭圆线条颜色，颜色值为 BGR。

thickness：椭圆的线条宽度。

lineType：线条类型，取值可以是 cv2. LINE_4、cv2. LINE_8、cv2. LINE_AA。参数说明见表 3－1。

shift：椭圆坐标点小数点位数。

上述参数中 img、center、axes、rotateAngle、startAngle、endAngle、color 为必需参数，其他为可选项。

应用实例：在指定的画布上绘制椭圆图形

```
import cv2
import numpy as np
img = np.ones((300, 300, 3), np.uint8) * 255
cv2.ellipse(img, center = (150, 150), axes = (100, 50), angle = 0, startAngle = 0, endAngle = 360, color = (255, 0, 0), thickness = 2)
cv2.ellipse(img, center = (150, 150), axes = (100, 50), angle = 60, startAngle = 0, endAngle = 360, color = (255, 0, 0),  thickness = 2)
cv2.ellipse(img, center = (150, 150), axes = (100, 50), angle = 120, startAngle = 0, endAngle = 360, color = (255, 0, 0), thickness = 2)
cv2.imshow("ellipse", img)
cv2.imwrite("107.jpg", img)
cv2.waitKey(0)
cv2.destroyAllWindows()
```

绘制椭圆，输出结果如图 3－9 所示。

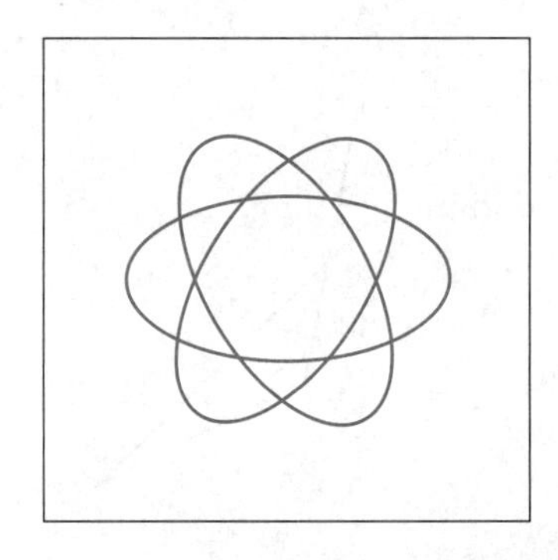

图3－9　绘制椭圆

3.5　绘制多边形

OpenCV 使用函数 cv2. polylines( ) 在图像上绘制多边形，其函数格式为：

```
cv2.polylines(img, pts, isClosed, color[, thickness[, lineType[, shift]]])
```

参数说明如下：

img：多边形所在的矩形或图像。

pts：多边形各边的坐标点组成的一个列表。

isClosed：值为 True 或 False，若为 True 则表示一个闭合的多边形，若为 False 则不闭合。

color：线条颜色，颜色值为 BGR，例如，（0，0，255）表示红色。

thickness：线条宽度。

lineType：线条类型，取值可以是 cv2. LINE_4、cv2. LINE_8、cv2. LINE_AA。参数说明见表 3－1。

shift：坐标点小数点位数。

上述参数中 img、pts、isClosed、color 为必需参数，其他为可选项。

应用实例：在指定的画布上绘制多边形图形

```
import cv2
import numpy as np

img = np.ones((300,300,3), np.uint8) * 255

pts = np.array([[50,50],[100,50],[120,150],[200,190]], dtype=np.int32)
pts = pts.reshape((-1,1,2))
cv2.polylines(img, [pts], isClosed=True, color=(0,0,255), thickness=3)

cv2.imshow("polylines", img)
cv2.imwrite("109.jpg", img)
cv2.waitKey(0)
cv2.destroyAllWindows()
```

绘制多边形，输出结果如图 3-10 所示。

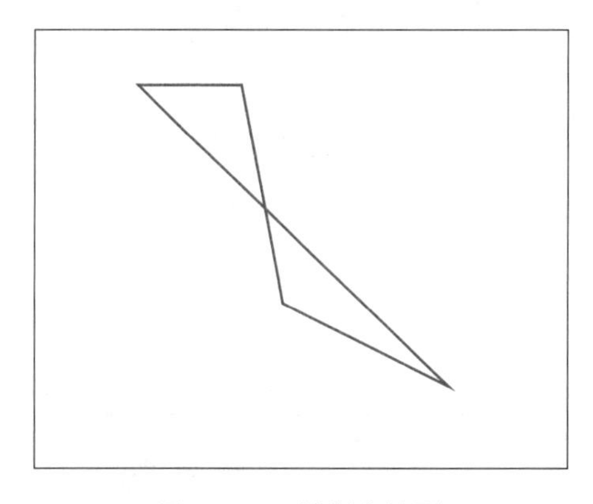

图 3-10 绘制多边形

3.6 添加文字

OpenCV 使用函数 cv. putText() 在图像上添加文字，其函数格式为：

```
cv2.putText(img, text, org, fontFace, fontScale, color[, thickness[, lineType
[, bottomLeftOrigin]]])
```

img：文字要放置的矩形或图像。

text：文字内容。

org：文字在图像中的左下角坐标。

fontFace：字体类型，参数说明见表 3-2。

表3-2　fontFace 参数说明

字体类型参数	说明
cv. FONT_HERSHEY_SIMPLEX	正常大小的 sans-serif 字体
cv. FONT_HERSHEY_PLAIN	小号 sans-serif 字体
cv. FONT_HERSHEY_DUPLEX	正常大小的 sans-serif 字体(比 FONT_HERSHEY_SIMPLEX 更复杂)
cv. FONT_HERSHEY_COMPLEX	正常大小的 serif 字体
cv. FONT_HERSHEY_TRIPLEX	正常大小的 serif 字体(比 FONT_HERSHEY_COMPLEX 更复杂)
cv. FONT_HERSHEY_COMPLEX_SMALL	FONT_HERSHEY_COMPLEX 字体简化版
cv. FONT_HERSHEY_SCRIPT_SIMPLEX	手写风格的字体
cv. FONT_HERSHEY_SCRIPT_COMPLEX	FONT_HERSHEY_SCRIPT_SIMPLEX 字体的进阶版
cv. FONT_ITALIC	斜体标记

上述类型的字体可以结合 FONT_HERSHEY_ITALIC 一起来使用，使字体产生斜体效果。

fontScale：缩放比例，用该值乘以程序字体默认大小即为字体大小。

color：字体颜色，颜色值为 BGR，例如，(0，0，255) 表示红色。

thickness：字体线条宽度。

bottomLeftOrigin：默认为 True，即表示图像数据原点在左下角；若为 False 则表示图像数据原点在左上角。

上述参数中 img、text、org、fontFace、fontScale、color 为必需参数，其他为可选项。

应用实例：在指定的画布上绘制宣传语

```
import cv2
import numpy as np
img = np.zeros((512, 512, 3), np.uint8)
cv2.putText(img," 普天同庆　爱我中华",(10,30),cv2.FONT_HERSHEY_SIMPLEX,
fontScale=1,color=(0,0,255),thickness=1,lineType=cv2.LINE_AA)
cv2.imshow("putText ",img)
cv2.waitKey(0)
cv2.destroyAllWindows()
```

上述程序执行结果会出现乱码，主要是由于 OpenCV 不能直接处理中文，需要利用其他模块处理中文。OpenCV 在图片中写入中文（汉字）有两方法：

1）Python + OpenCV + FreeType。

2）Python + OpenCV + PIL。

本节主要是利用方法 2 解决该问题。使用 PIL 的图片绘制添加中文，指定字体文件，也就是说使用 PIL 实现中文的输出。具体方法是：

- 将 OpenCV 图片格式转换为 PIL 图片格式；
- 使用 PIL 绘制文字；

- 将 PIL 图片格式转换为 OpenCV 图片格式。

上述程序改进如下：

```
coding = gbk
import cv2
import numpy as np
from PIL import Image, ImageDraw, ImageFont
img = np.ones((300,512,3),np.unit8) * 255
def cv2ImgAddText(img, text, left, top, text color = (0, 255, 0), text size = 20):
    if (isinstance(img, np.ndarray)):
        img = Image.fromarray(cv2.cvtColor(img, cv2.COLOR_BGR2RGB))
    draw = ImageDraw.Draw(img)
    font_text = ImageFont.truetype("font/simsun.ttc",text size, encoding =
"utf-8")
    draw.text((left, top), text, color, font = font_text)
    return cv2.cvtColor(np.asarray(img), cv2.COLOR_RGB2BGR)
img = cv2ImgAddText(img, "普天同庆  爱我中华", 30, 120, (255, 0, 0), 50)
cv2.imshow("img", img)
cv2.imwrite("110.jpg", img)
cv2.waitKey(0)
cv2.destroyAllWindows()
```

绘制宣传语，输出结果如图 3-11 所示。

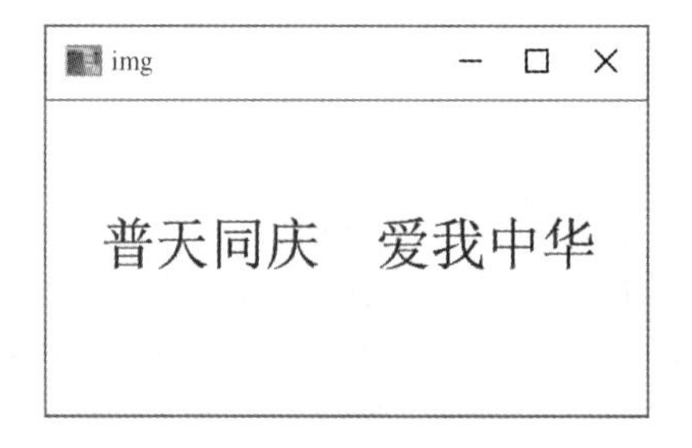

图 3-11　绘制宣传语

3.7　其他绘图函数

OpenCV 使用函数 cv2.drawMarker( )在指定点处绘制标记，其格式为：

```
cv2.drawMarker(img, position, color[, markerType[, markerSize[, thickness[,
line_type]]]])
```

参数说明如下：

img：标记所在的矩形或图像。

position：坐标，是一个包含两个数字的元组，表示（x，y）。

color：颜色，是一个包含三个数字的元组或列表，表示（b，g，r）。

markerType：点的类型。取值0~6，有相应的宏定义与之对应，具体的说明见表3-3。

表3-3 markerType取值说明

数值	宏定义	说明
0	cv2.MARKER_CROSS	十字线（横竖两根线）
1	cv2.MARKER_TILTED_CROSS	交叉线（斜着两根线）
2	cv2.MARKER_STAR	米字线（横竖加斜着共四根线）
3	cv2.MARKER_DIAMOND	旋转45度的正方形
4	cv2.MARKER_SQUARE	正方形
5	cv2.MARKER_TRIANGLE_UP	尖角向上的三角形
6	cv2.MARKER_TRIANGLE_DOWN	尖角向下的三角形

markerSize：点的大小，大于0的整数，默认值是20。

thickness：点的线宽。必须是大于0的整数，默认值是1。

line_type：线的类型。取值可以是cv2. LINE_4、cv2. LINE_8、cv2. LINE_AA。参数说明见表3-1。

应用实例：在指定的画布上绘制标记

```
import numpy as np
import cv2

img = np.ones((320,320,3), np.uint8) * 255
cv2.drawMarker(img, (30,30), (0,0,255),0)
cv2.drawMarker(img, (60,60), (0,0,255),2)
cv2.drawMarker(img, (90,90), (0,0,255),3)
cv2.drawMarker(img, (120,120), (0,0,255),4)
cv2.drawMarker(img, (150,150), (0,0,255),5)
cv2.drawMarker(img, (180,180), (0,0,255),6)
cv2.drawMarker(img, (210,210), (0,0,255),1)
cv2.drawMarker(img, (240,240), (0,0,255),7)

cv2.imshow('drawMarker', img)
cv2.imwrite("111.jpg",img)
cv2.waitKey(0)
cv2.destroyAllWindows()
```

绘制标记，输出结果如图3-12所示。

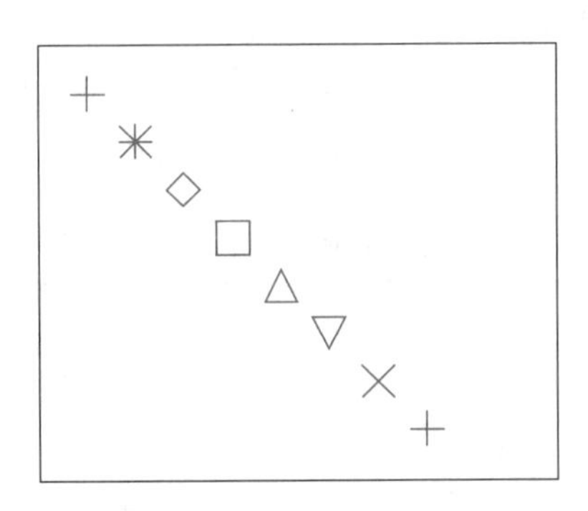

图 3-12 绘制标记

3.8 鼠标交互操作

3.8.1 setMouseCallback 函数

OpenCV 的鼠标交互操作主要通过 setMouseCallback( )函数和 onMouse( )函数实现，函数 cv2. setMouseCallback( )的格式为：

```
cv2.setMouseCallback(windowName, onMouse [, param])
```

参数说明如下：

windowName：必需。类似于 cv2. imshow( )函数，OpenCV 具体操作哪个窗口以窗口名作为识别标识，这类似窗口句柄的概念。

onMouse：必需。鼠标回调函数。鼠标回调函数的格式是 onMouse（event，x，y，flags，param），鼠标的操作都是在这个函数内实现的。

param：可选。注意 onMouse 也有一个 param 参数，它与 setMouseCallback( )里的 param 是同一个，这个 param 是 onMouse 和 setMouseCallback 之间的参数通信接口。

3.8.2 onMouse 函数

cv2. setMouseCallback( )函数的第二个参数是 onMouse 函数，称为回调函数，其格式为：

```
onMouse(event, x, y, flags, param)
```

这个函数的参数列表不需要改变，除了 param 外，其他参数都是由回调函数自动获取值。

参数说明如下：

event：由回调函数根据鼠标对图像的操作自动获得，取值说明见表 3-4。

表 3-4 event 取值说明

event	对应值	含义
cv2. EVENT_LBUTTONDBLCLK	7	左键双击
cv2. EVENT_LBUTTONDOWN	1	左键按下

（续）

event	对应值	含义
cv2. EVENT_LBUTTONUP	4	左键释放
cv2. EVENT_MBUTTONDBLCLK	9	中键双击
cv2. EVENT_MBUTTONDOWN	3	中键按下
cv2. EVENT_MBUTTONUP	6	中键释放
cv2. EVENT_MOUSEHWHEEL	11	横向滚轮滚动
cv2. EVENT_MOUSEMOVE	0	鼠标移动
cv2. EVENT_MOUSEWHEEL	10	滚轮滚动
cv2. EVENT_RBUTTONDBLCLK	8	右键双击
cv2. EVENT_RBUTTONDOWN	2	右键按下
cv2. EVENT_RBUTTONUP	5	右键释放

x，y：由回调函数自动获得，记录了鼠标当前位置的坐标，坐标以图像左上角为原点（0，0），x 方向向右为正，y 方向向下为正。

flags：记录了一些专门的操作。取值说明见表 3－5。

表 3－5　flags 取值说明

flags	对应值	含义
cv2. EVENT_FLAG_ALTKEY	32	按住 <Alt>键不放
cv2. EVENT_FLAG_CTRLKEY	8	按住 <Ctrl>键不放
cv2. EVENT_FLAG_LBUTTON	1	左键拖拽
cv2. EVENT_FLAG_MBUTTON	4	中键拖拽
cv2. EVENT_FLAG_RBUTTON	2	右键拖拽
cv2. EVENT_FLAG_SHIFTKEY	16	按住 <Shift>键不放

param：从函数 setMouseCallback( )里传递过来的参数。该参数在 setMouseCallback( )处是可选参数，所以可以不设置。

应用实例：运行程序后，我们可以通过单击鼠标左键来绘制一些十字线

```
import cv2
import numpy as np

def onmouse_pick_points(event, x, y, flags, param):
    if event == cv2.EVENT_LBUTTONDOWN:
        print('x = %d, y = %d' % (x, y))
        cv2.drawMarker(param, (x, y), (0, 0, 255))
if __name__ == '__main__':

image = np.ones((256, 256, 3), np.uint8) * 255
cv2.namedWindow("pick_points", 0)
```

```
cv2.setMouseCallback("pick_points", onmouse_pick_points, image)

while True:
    cv2.imshow("pick_points", image)
    key = cv2.waitKey(30)
    if key == 27:
        break

cv2.imwrite("112.jpg",img)
cv2.destroyAllWindows()
```

鼠标交互绘制十字线，输出结果如图 3-13 所示。

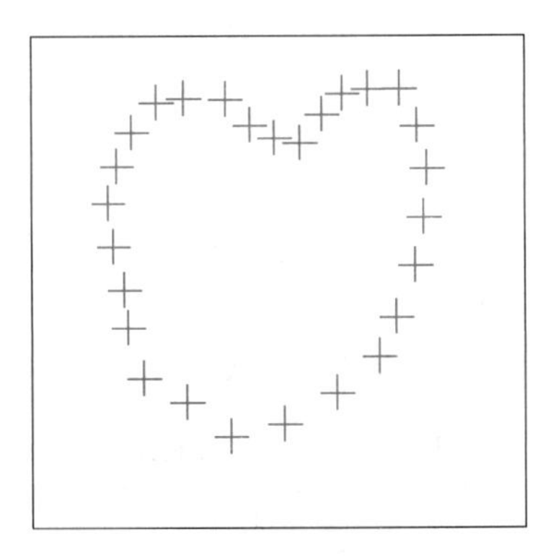

图3-13 鼠标交互绘制十字线

上面程序中有几个注意点：向 setMouseCallback()中的 param 参数传递了 image 进去，也就是说鼠标回调函数 onmouse_pick_points()中的 param 就是 image，绘制十字线的操作在鼠标回调函数中，该参数在 onmouse_pick_points()中的变化可以保留到函数外，可以理解为C++的引用传递，或 C 语言的指针传递。这里需要一个无限循环来刷新图像。无限循环的退出条件由键盘获取，cv2. waitKey()用来获取键盘的按键，当按下 <ESC> 键后就可以退出。

应用实例：在图像上单击鼠标拖拽绘制矩形，并输出矩形信息

```
import cv2
import numpy as np

def draw_rectangle(event, x, y, flags, param):
    global ix, iy
    if event == cv2.EVENT_LBUTTONDOWN:
        ix, iy = x, y
        print("point1:=", x, y)
    elif event == cv2.EVENT_LBUTTONUP:
        print("point2:=", x, y)
        print("width=", x - ix)
        print("height=", y - iy)
        cv2.rectangle(img, (ix, iy), (x, y), (0, 0, 255), 2)
```

```
img = np.ones((512, 512, 3), np.uint8) * 255
cv2.namedWindow('image')
cv2.setMouseCallback('image', draw_rectangle)
while(1):
    cv2.imshow('image', img)
    if cv2.waitKey(20) & oxFF = =27:
        break
cv2.imwrite("113.jpg",img)
cv2.destroyAllWindows()
```

鼠标交互绘制矩形，输出结果如图 3 - 14 所示。

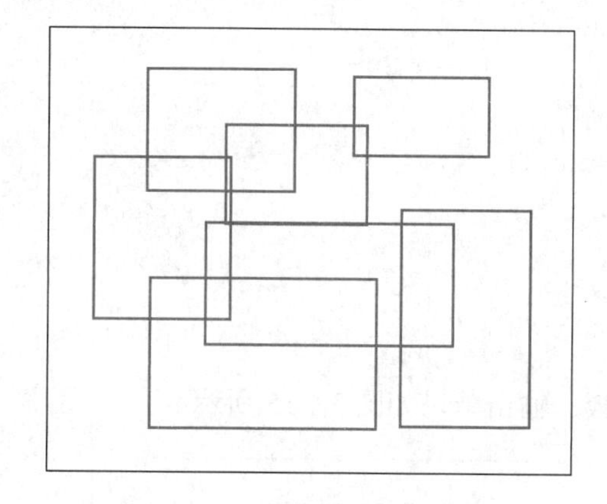

图3-14　鼠标交互绘制矩形

应用实例：绘制几何画板

```
import numpy as np
import cv2
drawing = False
mode = True
ix, iy = -1, -1
def draw_circle(event, x, y, flags, param):
    global ix, iy, drawing, mode
    if event = = cv2.EVENT_LBUTTONDOWN:
        drawing = True
        ix, iy = x, y
    elif event = = cv2.EVENT_MOUSEMOVE:
        if drawing = = True:
            if mode = = True:
                cv2.rectangle(img, (ix, iy), (x, y), (0, 255, 0), -1)
            else:
                cv2.circle(img, (x, y), 5, (0, 0, 255), -1)
```

```
    elif event == cv2.EVENT_LBUTTONUP:
        drawing = False
        if mode == True:
            cv2.rectangle(img, (ix, iy), (x, y), (0, 255, 0), -1)
        else:
            cv2.circle(img, (x, y), 5 * np.random.randint(5, 15),
              (0, np.random.randint(200, 255), np.random.randint(200, 255)), -1)

img = np.zeros((512, 512, 3), np.uint8)
cv2.namedWindow('image')
cv2.setMouseCallback('image', draw_circle)

while (1):
    cv2.imshow('image', img)
    k = cv2.waitKey(1) & 0xFF
    if k == ord('m'):
        mode = not mode
    elif k == 27:
        break

cv2.destroyAllWindows()
```

鼠标交互绘制几何画板，输出结果如图 3－15 所示。

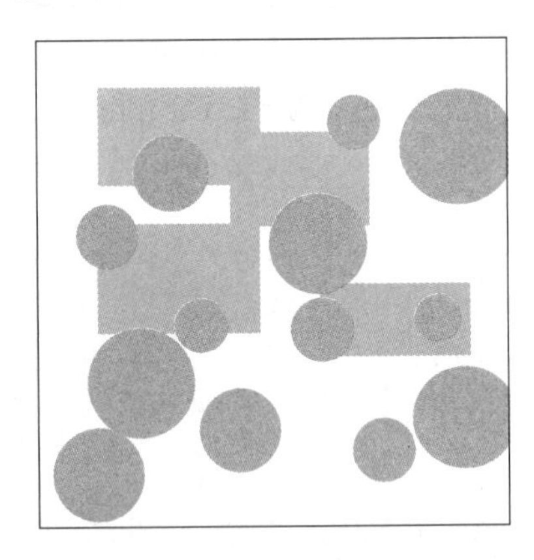

图 3－15　鼠标交互绘制几何画板

3.8.3　createTrackbar 函数

滚动条（Trackbar）是一种特别好用的 OpenCV 动态调节参数工具，如边缘检测、阈值化、对比度和亮度调节等。它是在规定窗口显示，并调节参数控制显示图像。它依附于窗口而存在。createTrackbar( ) 函数用来创建一个可调整数值的、附加在窗口上的滚动条。

OpenCV 中滚动条的使用步骤：

（1）创建滚动条

函数 cv2. createTrackbar( ) 的主要功能是绑定滚动条和窗口，定义滚动条的数值，其格式为：

```
cv2.createTrackbar(trackbarName, windowName, value, count, onChange)
```

参数说明如下：

trackbarName：滚动条对象的名字。

windowName：滚动条对象所在面板的名字。

value：滚动条的默认值。

count：滚动条上调节的范围（0 ~ count）。

onChange：调节滚动条时调用的回调函数名。

（2）获取滚动条数据

OpenCV 提供了函数 cv2.getTrackbarPos( ) 以获取滚动条数据，其格式为：

```
value = cv2.getTrackbarPos(trackbarname, winname)
```

参数说明如下：

value：返回 trackbarname 的位置。

trackbarname：滚动条的名字。

winname：滚动条被放置窗口的名字。

应用实例：利用滚动条控制图像的亮度和对比度

```
import cv2
import numpy as np
alpha = 0.1
beta = 60
img_path = "../images/hehua.jpg"
img = cv2.imread(img_path)
img2 = cv2.imread(img_path)
def updateAlpha(x):
    global alpha, img, img2
    alpha = cv2.getTrackbarPos('Alpha','hehua')
    alpha = alpha * 0.01
    img = np.uint8(np.clip((alpha * img2 + beta), 0, 255))
def updateBeta(x):
    global beta, img, img2
    beta = cv2.getTrackbarPos('Beta','hehua')
    img = np.uint8(np.clip((alpha * img2 + beta), 0, 255))
cv2.namedWindow('hehua')
cv2.createTrackbar('Alpha','hehua', 0, 300, updateAlpha)
cv2.createTrackbar('Beta','hehua', 0, 255, updateBeta)
cv2.setTrackbarPos('Alpha','hehua', 100)
cv2.setTrackbarPos('Beta','hehua', 10)
```

```
while (True):
    cv2.imshow('hehua', img)
    if cv2.waitKey(20) &OxFF = =27:
        break
cv2.imwrite("114.jpg",img)
cv2.destroyAllWindows()
```

利用滚动条控制图像的亮度和对比度，输出结果如图 3 - 16 所示。

图 3 - 16 利用滚动条控制图像的亮度和对比度

案 例

案例 1：在图像中绘制物体矩形，并标注矩形的长、宽数值

本案例涉及三方面的内容：用鼠标绘制矩形，在图像上绘制出点的坐标，计算出图形的长度和宽度数值。

用鼠标绘制矩形，涉及鼠标的操作，需要用到两个函数：回调函数 onMouse 和注册回调函数 setMouseCallback()。当回调函数被调用时，OpenCV 会传入合适的值；当鼠标有动作时，绘制好矩形，同时计算矩形的宽度和高度，在图像上显示出来。

```
import cv2
import numpy as np

img = np.ones((512,512,3),np.uint8) * 255

def draw_rectangle(event, x, y, flags, param):
    global ix, iy,width,height
    if event = = cv2.EVENT_LBUTTONDOWN:
        ix, iy = x, y
```

```
            print("point1:=",x,y)
        elif event == cv2.EVENT_LBUTTONUP:
            print("point2:=",x,y)
            cv2.rectangle(img, (ix, iy), (x, y), (0, 255, 0), 2)
            width = x - ix
            height = y - iy
            height = str(height)
            width = str(width)
            cv2.putText(img, "width=" + str(width), (40, 30), cv2.FONT_HERSHEY_
SIMPLEX, fontScale=1, color=(0, 0, 255),
                        thickness=1,
                        lineType=cv2.LINE_AA)
            cv2.putText(img, "height=" + str(height), (40, 60), cv2.FONT_HERSHEY_
SIMPLEX, fontScale=1, color=(0, 0, 255),
                        thickness=1, lineType=cv2.LINE_AA)
    cv2.namedWindow('image')
    cv2.setMouseCallback('image', draw_rectangle)
    while (1):
        cv2.imshow('image', img)
        if cv2.waitKey(20) & 0xFF==27:
            break
    cv2.imwrite("115.jpg",img)
    cv2.destroyAllWindows()
```

在图像中绘制物体矩形，并标注矩形的长、宽数值，输出结果如图3-17所示。

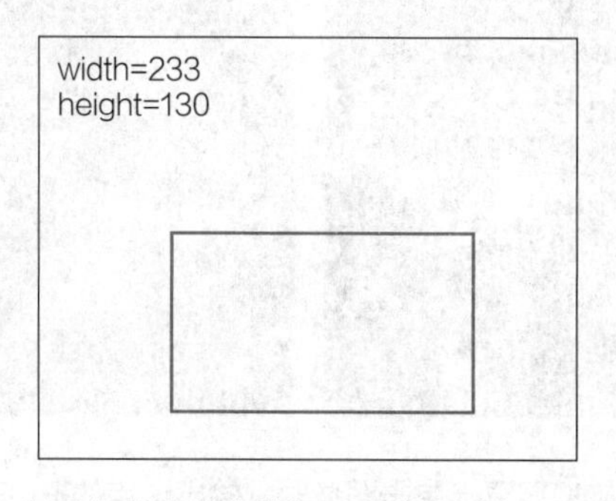

图3-17　在图像中绘制物体矩形，并标注矩形的长、宽数值

案例2：利用OpenCV+Python实现用鼠标单击图像时输出该点的BGR和HSV值

该功能同样需要上面提到的OpenCV中的鼠标事件。当鼠标单击图像事件发生时，可以获取到鼠标单击的具体位置坐标。通过取得的坐标，便可以计算出该点的BGR和HSV值。之后通过print()函数，将结果打印出来。由于使用的是回调函数，所以在每次单击鼠标的时候，都会触发一次计算。

```
import cv2

img = cv2.imread('../images/hehua.jpg')
height, width = img.shape[:2]
size = (int(width * 0.5), int(height * 0.5))
img = cv2.resize(img, size, interpolation=cv2.INTER_AREA)
HSV = cv2.cvtColor(img, cv2.COLOR_BGR2HSV)

def getposHSV(event, x, y, flags, param):
    if event == cv2.EVENT_LBUTTONDOWN:
        print("该像素点的 HSV 为:", HSV[y, x])

def getposBGR(event, x, y, flags, param):
    if event == cv2.EVENT_LBUTTONDOWN:
        print("该像素点的 BGR 为:", img[y, x])

cv2.imshow("HSV", HSV)
cv2.imshow('BGR', img)

cv2.setMouseCallback("HSV", getposHSV)
cv2.setMouseCallback("BGR", getposBGR)

cv2.waitKey(0)
cv2.destroyAllWindows()
```

实现用鼠标单击图像时，输出该点的 BGR 和 HSV 值，输出结果如图 3-18 所示。

图 3-18 实现用鼠标单击图像时，输出该点的 BGR 和 HSV 值

```
该像素点的 BGR 为: [46  195  153]
该像素点的 BGR 为: [37  95  67]
该像素点的 HSV 为: [47  150  119]
该像素点的 HSV 为: [69  116  75]
```

习 题

1. 定义一个黑色背景图像，绘制3条线段，形成一个三角形。

2. 在黑色背景的画布上，绘制一个白色的边框。

3. 利用红色颜色，绘制一个禁止停车的交通标志。

4. 在一幅图像上添加文字，作为宣传语。

5. 定义512×512的画布，双击鼠标左键开始绘制一个指定大小的圆，按<ESC>键退出。

6. 读入图像，利用OpenCV在图片正中间绘制矩形框，并标出文字。

第4章 图像变换

本章主要介绍图像色彩空间的变换和图像的几何变换等内容。为了有效和快速地对图像进行处理和分析，需要将原定义在图像空间的图像以某种形式转换到另外的空间，利用空间的特有性质方便地进行一定的加工，最后再转换回图像空间，以得到所需的效果——即图像变换。图像变换技术是图像处理和分析技术的基础，把图像从一个空间变换到另一个空间，便于分析处理，其中，从图像空间向其他空间的变换称为正变换，从其他空间向图像空间的变换称为反变换（也称逆变换）。

扫码看视频

图像变换的算法可以分为四个部分：空域变换等维度算法、空域变换变维度算法、值域变换等维度算法和值域变换变维度算法。其中空域变换主要指图像在几何上的变换，而值域变换主要指图像在像素值上的变换。等维度变换是在相同的维度空间中，而变维度变换是在不同的维度空间中，如二维空间到三维空间，灰度空间到彩色空间。

4.1 色彩空间变换

相比二值图像和灰度图像，彩色图像是更常见的一类图像，它能表现更丰富的细节信息。神经生理学实验发现，在视网膜上存在三种不同的颜色感受器，能够感受三种不同的颜色：红色、绿色和蓝色，即三基色。自然界中常见的各种色光都可以通过将三基色按照一定的比例混合构成。除此以外，从光学角度出发，可以将颜色解析为主波长、纯度、明度等；从心理学和视觉角度出发，可以将颜色解析为色调、饱和度、亮度等。通常将上述采用不同的方式表述颜色的模式称为色彩空间，或者颜色空间、颜色模式等。

RGB 色彩空间最常用的是面向硬件的颜色空间，该空间经常用于屏幕显示和视频输出。

HSI（色调、饱和度、强度）空间，是一种更符合人类描述和解释颜色的模型，可以解除图像中的颜色和灰度信息的联系，使其更适合某些灰度处理技术。

HSV（色调、饱和度、亮度）空间，不适用于显示器系统，但是更符合人眼的视觉特性，因此通常会将颜色从 RGB 空间域转换到 HSV 颜色空间进行处理，然后再换回 RGB 域进行显示。

HSL（色调、饱和度、亮度）空间，与 HSV 类似，只不过把 V（Value）替换为了L（Lightness）。这两种表示在用途上类似，但在方法上有区别。

Lab（亮度、颜色通道 a、b）空间，弥补了 RGB 和 CMYK 两种色彩模式的不足，是一种与设备无关的颜色模型，也是一种基于生理特征的颜色模型。

CMY（青、洋红、黄）空间和 CMYK（青、洋红、黄、黑）空间，是针对彩色打印机的。

GRAY 色彩空间没有色彩信息，只有亮度信息，通常使用灰度图表示。

YUV 色彩空间是一种亮度信号 Y 和色度信号 U、V 是分离的色彩空间，主要用于优化彩色视频信号的传输。

YCrCb 色彩空间由 YUV 色彩空间派生的一种颜色空间，主要用于数字电视系统。

下面分别介绍几种色彩空间。

4.1.1 RGB 色彩空间

对图像处理而言，RGB 建立在笛卡尔坐标系中，以红（R）、绿（G）、蓝（B）三种基本色为基础，进行不同程度的叠加，产生丰富而广泛的颜色，俗称三基色模式。RGB 颜色模式下的颜色非常接近大自然的颜色，故又称为自然色彩模式，是目前运用最广的颜色系统之一。

RGB 模型也称为加色法混色模型。它是以 R、G、B 三原色光互相叠加来实现混色的方法，适用于显示器等发光体的显示。人类视觉系统能感知的颜色都可以用红、绿、蓝三种基色光按照不同的比例混合，例如，白色 = 100% 红色 + 100% 绿色 + 100% 蓝色，黄色 = 100% 红色 + 100% 绿色 + 0% 蓝色等。

RGB 颜色空间可以用一个单位长度的立方体来表示颜色，黑、蓝、绿、青、红、紫、黄、白 8 种常见颜色分别位于立方体的 8 个顶点，通常将黑色置于三维直角坐标系的原点，红、绿、蓝分别置于 3 个坐标轴上，将整个立方体放在第 1 象限内，从黑色（0，0，0）到白色（1，1，1），若沿三维立方体对角线取值，可得到灰度级色彩，其 RGB 三色值相等，其中青色与红色、紫色与绿色、黄色与蓝色是互补色。各参数的取值范围是：R 为 0 ~ 255、G 为 0 ~ 255、B 为 0 ~ 255。该模型基于三维笛卡尔坐标系，如图 4 - 1 所示。

RGB 彩色模型中表示的图像由 R、G、B 三个 8 比特分量图像构成，三幅图像在屏幕上混合生成一幅合成的 24 比特彩色图像，即全彩色图像，如图 4 - 2 所示的 24 位彩色立方图。

在一般的机器视觉中，经常在 RGB 颜色模型下处理图像。

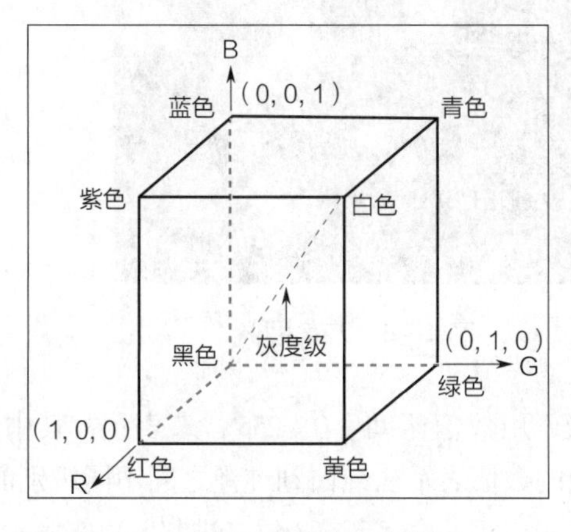

图 4 - 1 三维笛卡尔坐标系

图 4 - 2 24 位彩色立方图

RGB 常见颜色表见表 4－1。

表 4－1　RGB 常见颜色表

颜色样式	RGB 数值	颜色代码
白色	255，255，255	#FFFFFF
黑色	0，0，0	#000000
红色	255，0，0	#FF0000
黄色	255，255，0	#FFFF00
绿色	0，255，0	#00FF00
蓝色	0，0，255	#0000FF
紫色（深红）	255，0，255	#FF00FF
青色	0，255，255	#00FFFF
橘黄	255，128，0	#FF8000

4.1.2　GRAY 色彩空间

一幅灰度图像就是一个数据矩阵，矩阵的值表示灰度的深浅，其中的每个像素只有一个采样颜色的图像，这类图像通常显示为从最暗黑色到最亮的白色，这就是 GRAY 色彩空间。

灰度图像与二值图像不同，在计算机图像领域中，二值图像只有黑色与白色两种颜色，如图 4－3 所示。灰度图像在黑色与白色之间，还有许多级的颜色深度。二值图像表示起来简单方便，但是因为其仅有黑白两种颜色，所表示的图像不够丰富。如果想要表现更多的细节，就需要使用更多的颜色。图 4－4 是一幅灰度图像，它采用了更多的数值以体现不同的颜色，因此该图像的细节信息更丰富。

灰度图像经常是在单个电磁波频谱，如可见光内测量每个像素的亮度得到的，用于显示的灰度图像通常用每个采样像素 8 位（uint8）的非线性尺度来保存，这样可以有 256 级灰度（如果用 16 位，即 uint16，则有 65536 级）。

图 4－3　二值图像

图 4－4　灰度图像

通常，计算机会将灰度处理为 256 个灰度级，用数值区间［0，255］来表示。其中，数值“255”表示纯白色，数值“0”表示纯黑色，其余的数值表示从纯白到纯黑之间不同级别的灰度，用于表示 256 个灰度级的数值范围是 0～255，正好可以用一个字节（8 位二进制值）来表示。

按照上述方法，灰度图像需要使用一个各行各列的数值都在区间［0，255］的矩阵来表示。

任何颜色都由红、绿、蓝三原色组成，假如原来某点的颜色为RGB（R，G，B），那么，可以通过下面几种方法，将其转换为灰度：

- 浮点算法：$Gray = R \times 0.30 + G \times 0.59 + B \times 0.11$。
- 整数方法：$Gray = (R \times 30 + G \times 59 + B \times 11)/100$。
- 移位方法：$Gray = (R \times 28 + G \times 151 + B \times 77) \gg 8$。
- 平均值法：$Gray = (R + G + B)/3$。
- 仅取绿色：$Gray = G$。

通过上述任一种方法求得灰度Gray后，将原来的RGB（R，G，B）中的R，G，B统一用Gray替换，形成新的颜色RGB（Gray，Gray，Gray），用它替换原来的RGB（R，G，B）就是灰度图了。

4.1.3 YCrCb色彩空间

YCrCb色彩系统是从YUV色彩系统衍生出来的，是一种基于人眼感知的颜色空间。YCrCb色彩空间是以演播室质量为目标的CCIR601编码方案中采用的彩色表示模型，被广泛应用在电视的色彩显示等领域中。其中Y表示明亮度（Luminance或Luma），也就是灰阶值。色度则定义了颜色的色调与饱和度，分别用Cr和Cb来表示。其中，Cr反映了RGB输入信号红色部分与RGB信号亮度值之间的差异。而Cb反映的是RGB输入信号蓝色部分与RGB信号亮度值之间的差异。

YCrCb与RGB可以相互转换（RGB取值范围均为0～255），RGB转换为YCrCb的公式为：

$$Y = 0.299R + 0.587G + 0.114B$$
$$Cr = (0.511R - 0.428G - 0.083B) + 128$$
$$Cb = (-0.172R - 0.339G + 0.511B) + 128$$

YCrCb转换为RGB的公式为：

$$R = 1.164 \times (Y - 16) + 1.596 \times (Cr - 128)$$
$$G = 1.164 \times (Y - 16) - 0.813 \times (Cr - 128) - 0.392 \times (Cb - 128)$$
$$B = 1.164 \times (Y - 16) + 2.017 \times (Cb - 128)$$

4.1.4 HSV色彩空间

HSV（Hue，Saturation，Value）是根据颜色的直观特性由A. R. Smith于1978年创建的一种颜色空间，也称六角锥体模型（Hexcone Model）。HSV颜色空间是一种用色调（H），饱和度（S），明度（V）联合表示的颜色模型。其色彩空间由三部分组成：

Hue（色调）：颜色种类，如红、蓝、黄，范围0～360°，每个值对应着一种颜色。

Saturation（饱和度）：颜色的丰满程度，范围0～100%，0表示没有颜色，100%表示强烈的颜色，降低饱和度其实就是在颜色中增加灰色的分量。

Value（亮度值）：颜色的亮度，范围0～100%，0总是黑色，100%时根据饱和度，可能为白色或饱和度更低的颜色。

HSV是一种比较直观的颜色模型，在许多图像编辑工具中应用比较广泛，如Photoshop。

但其不适用于光照模型，许多光线混合运算、光强运算都无法直接使用 HSV 来实现。HSV 模型如图 4-5 所示。

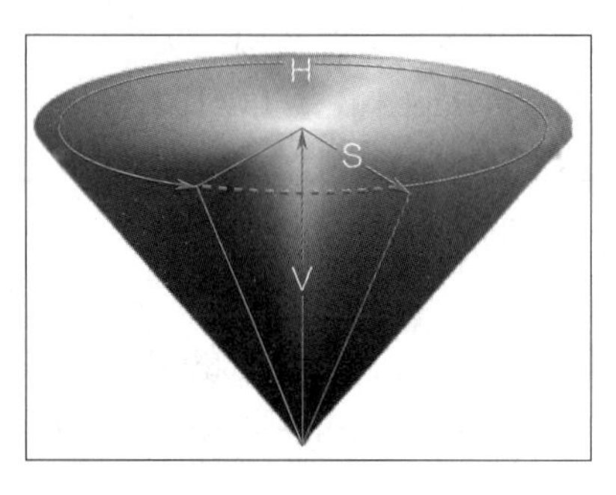

图 4-5 HSV 模型

OpenCV 中的 H 范围是 0~180，S 范围是 0~255，V 范围是 0~255，但是 HSV 颜色空间却规定的是：H 范围是 0~360°，S 范围是 0~100%，V 范围是 0~100%，所以需要转换，即：H×2，V/255，S/255。H 范围是 0~360，所以在 OpenCV 中被除以 2 处理，以匹配 OpenCV 的 UCHAR（UCHAR 是“无符号整数”数据类型）255 的上限。在根据颜色分割图像的场景下用 HSV 颜色空间来处理图像。

$$H=\begin{cases}\text{未定义}, & (\max=\min)\\ 60^\circ\times\dfrac{g-b}{\max-\min}+0^\circ, & (\max=r \text{ 且 } g\geqslant b)\\ 60^\circ\times\dfrac{g-b}{\max-\min}+360^\circ, & (\max=r \text{ 且 } g<b)\\ 60^\circ\times\dfrac{b-r}{\max-\min}+120^\circ, & (\max=g)\\ 60^\circ\times\dfrac{r-g}{\max-\min}+240^\circ, & (\max=b)\end{cases}$$

$$S=\begin{cases}0, & (\max=0)\\ \dfrac{\max-\min}{\max}=1-\dfrac{\min}{\max}, & \text{其他}\end{cases}$$

$$V=\max$$

由于 H、S 分量代表了色彩分信息，不同的 H、S 值在表示颜色时有较大差异，所以该模型可用于颜色分割。常用的 H、S、V 的最大值和最小值与不同颜色的关系见表 4-2。

表 4-2 H、S、V 的最大值和最小值与不同颜色的对应关系

	黑	灰	白	红		橙	黄	绿	青	蓝	紫
H_{min}	0	0	0	0	156	11	26	35	78	100	125
H_{max}	180	180	180	10	180	25	34	77	99	124	155
S_{min}	0	0	0	43		43	43	43	43	43	43
S_{max}	255	43	30	255		255	255	255	255	255	255
V_{min}	0	46	221	46		46	46	46	46	46	46
V_{max}	46	220	255	255		255	255	255	255	255	255

cv2. cvtColor()函数在 OpenCV 里用于图像颜色空间转换，可以实现 RGB 颜色、HSV 颜色、HSI 颜色、Lab 颜色、YUV 颜色等转换，也可以实现彩色和灰度图互相转换。cv2. cvtColor()函数的应用格式为：

```
dst = cv2.cvtColor(src, code[,dstCn])
```

cv2. cvtColor()函数的参数说明如下：

src：输入图像。

dst：输出图像，与输入图像具有相同大小和深度。

code：色彩空间转换代码，如 cv2. COLOR_BGR2GRAY 等。

dstCn：目标图像中的通道数；默认参数为0，从 src 和 code 自动导出通道。

上述几种色彩空间之间的相互转换的转换代码见表4-3。

表4-3 不同色彩空间之间的转换代码

转换关系	值
BGR 色彩空间与 YCrCb 色彩空间之间的转换	cv2. COLOR_BGR2YCrCb
	cv2. COLOR_RGB2YCrCb
	cv2. COLOR_YCrCb2BGR
	cv2. COLOR_YCrCb2RGB
RGB 色彩空间与 GRAY 色彩空间之间的转换	cv2. COLOR_BGR2GRAY
	cv2. COLOR_RGB2GRAY
	cv2. COLOR_GRAY2RGB
	cv2. COLOR_GRAY2BGR
BGR 色彩空间与 YUV 色彩空间之间的转换	cv2. COLOR_BGR2YUV
	cv2. COLOR_RGB2YUV
	cv2. COLOR_YUV2RGB
	cv2. COLOR_YUV2BGR

应用实例：利用 cv2. cvtColor()函数实现图像色彩空间的转换

```
import matplotlib.pyplot as plt
import cv2

BGR = cv2.imread('../images/hehua.jpg')
plt.subplot(3,3,1)
plt.imshow(BGR)
plt.axis('off')
plt.title('BGR')

RGB = cv2.cvtColor(BGR, cv2.COLOR_BGR2RGB)
plt.subplot(3,3,2)
plt.imshow(RGB)
```

```
plt.axis('off')
plt.title('RGB')
GRAY = cv2.cvtColor(BGR, cv2.COLOR_BGR2GRAY)
plt.subplot(3, 3, 3)
plt.imshow(GRAY)
plt.axis('off')
plt.title('GRAY')
HSV = cv2.cvtColor(BGR, cv2.COLOR_BGR2HSV)
plt.subplot(3, 3, 4)
plt.imshow(HSV)
plt.axis('off')
plt.title('HSV')
YCrCb = cv2.cvtColor(BGR, cv2.COLOR_BGR2YCrCb)
plt.subplot(3, 3, 5)
plt.imshow(YCrCb)
plt.axis('off')
plt.title('YCrCb')
HLS = cv2.cvtColor(BGR, cv2.COLOR_BGR2HLS)
plt.subplot(3, 3, 6)
plt.imshow(HLS)
plt.axis('off')
plt.title('HLS')
XYZ = cv2.cvtColor(BGR, cv2.COLOR_BGR2XYZ)
plt.subplot(3, 3, 7)
plt.imshow(XYZ)
plt.axis('off')
plt.title('XYZ')
Lab = cv2.cvtColor(BGR, cv2.COLOR_BGR2LAB)
plt.subplot(3, 3, 8)
plt.imshow(Lab)
plt.axis('off')
plt.title('Lab')
YUV = cv2.cvtColor(BGR, cv2.COLOR_BGR2YUV)
plt.subplot(3, 3, 9)
plt.imshow(YUV)
plt.axis('off')
plt.title('YUV')
plt.show()
```

输出结果如图 4-6 所示。

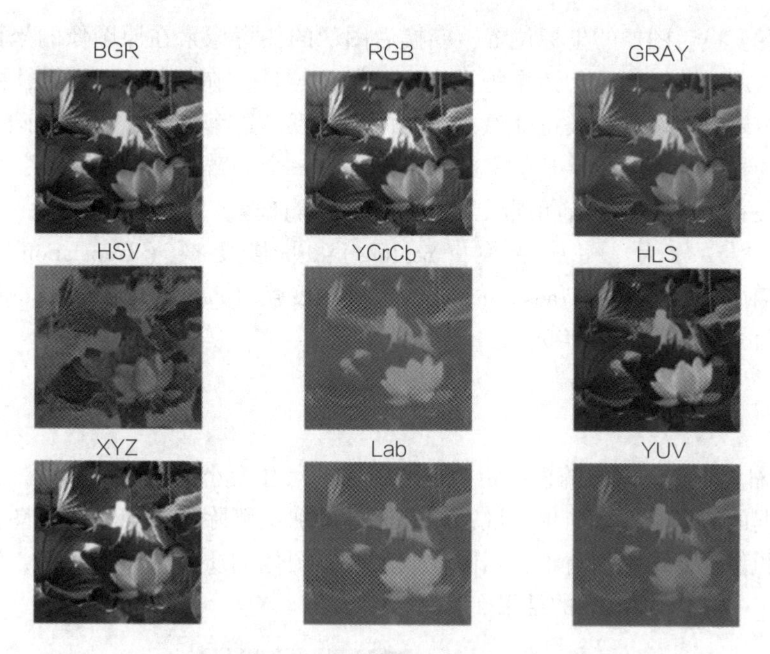

图4-6 色彩空间转换

应用实例：识别摄像头中某种颜色的物体（例如：识别蓝色的物体）

```
import cv2
import numpy as np

cap = cv2.VideoCapture(0)
while True:
    ret, frame = cap.read()
    hsv = cv2.cvtColor(frame, cv2.COLOR_BGR2HSV)
    lower_blue = np.array([110, 50, 50])
    upper_blue = np.array([130, 255, 255])

    mask = cv2.inRange(hsv, lower_blue, upper_blue)
    res = cv2.bitwise_and(frame, frame, mask=mask)
    cv2.imshow('res', res)

    k = cv2.waitKey(5) & 0xFF
    if k == 27:
        break

cv2.destroyAllWindows()
```

4.2 几何变换

图像的几何变换是在不改变图像内容的前提下对图像像素进行空间几何变换，例如，可以放大和缩小图像，可以旋转、移动或者扩展图像。图像的几何变换改变了像素的空间位置，建立一种原图像像素与变换后图像像素之间的映射关系，通过这种映射关系能够实现计算原图像任意像素在变换后图像的坐标位置，变换后图像的任意像素在原图像的坐标位置等。在深度学习领域常用平移、旋转、镜像等操作进行数据增广，在传统 CV 领域，由于某些拍摄角度的问题，需要对图像进行校正处理，而几何变换正是这个处理过程的基础。几何变换还可用于创建小场景，从而适应从某个重放分辨率到另一个分辨率的数字视频，校正由观察几何变换导致的失真，以及排列有相同场景和目标的多幅图像。

几何变换大致分为：缩放变换（Scaling）、平移变换（Translation）、旋转变换（Rotation）、仿射变换（Affine Transformation）和透视变换（Perspective Transformation）。下面将从这几个方面介绍图像的几何变换。

4.2.1 缩放

（1）图像缩放简介　图像的缩放指的是将图像的尺寸变小或变大的过程，也就是减少或增加原图像数据的像素个数。简单来说，就是通过增加或删除像素点来改变图像的尺寸。当图像缩小时，图像会变得更加清晰，当图像放大时，图像的质量会有所下降，因此需要进行插值处理。图 4－7 是图像放大的结果。

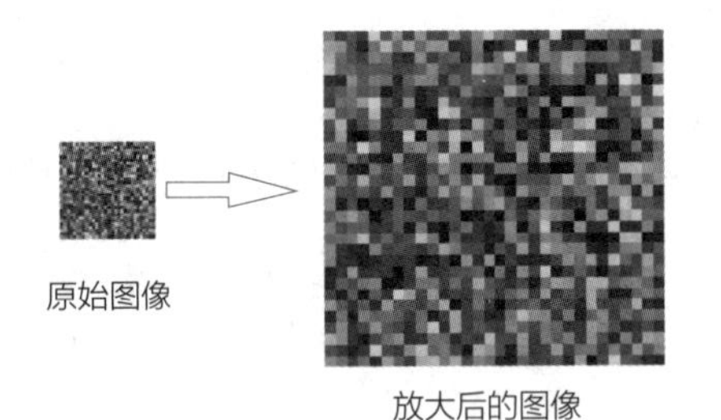

图 4－7　图像放大

（2）图像缩放原理　设原始图像的像素点为（x_0，y_0），缩放后的图像的像素点为（x，y），则（x_0，y_0）和（x，y）的关系写为矩阵的形式如下：

$$\begin{bmatrix} x \\ y \\ 1 \end{bmatrix} = \begin{bmatrix} s & 0 & 0 \\ 0 & s & 0 \\ 0 & 0 & 1 \end{bmatrix} \begin{bmatrix} x_0 \\ y_0 \\ 1 \end{bmatrix}$$

式中，s 为缩放比例，则有

$$\begin{cases} x = x_0 \times s \\ y = y_0 \times s \end{cases}$$

图像缩放的原理示意图如图 4－8 所示。

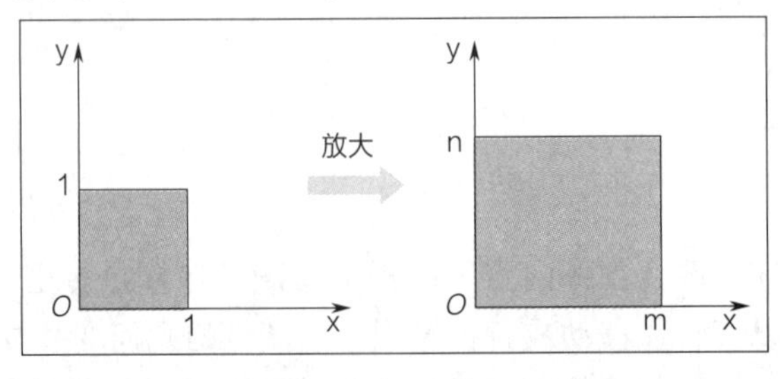

图 4－8　图像缩放原理示意图

（3）图像缩放算法　图像缩放算法主要有最近邻插值算法、双线性插值算法、立方插值算法和像素关系重采样算法等。其中，OpenCV 默认使用双线性插值算法对图像进行缩放。下面介绍最近邻插值算法、双线性插值算法这两种算法。

1）最近邻插值算法。插值法放大图像的第一步都是相同的，计算新图的坐标点像素值对应原图中哪个坐标点的像素值来填充，计算公式为：

$$srcX = dstX \times (srcWidth/dstWidth)$$

$$srcY = dstY \times (srcHeight/dstHeight)$$

式中，src 表示待求图像，dst 表示目标图像。目标图像的坐标（dstX，dstY）对应于待求图像的坐标（srcX，srcY）。srcWidth/dstWidth 和 srcHeight/dstHeight 分别表示宽和高的放缩比。

通过这个公式算出来的 srcX，scrY（原始坐标）有可能是小数，但是坐标点是不存在小数的，都是整数，需要把小数转换成整数才行。不同插值法的区别就体现在当 srcX，scrY 是小数时，怎么变成整数去取待求图像中的像素值。

最近邻插值算法就是四舍五入选取最接近的整数。具体步骤如下。

在待求图像像素的（待插值图的）四邻像素中，将距离待求图像像素最近的邻像素灰度赋给待求图像像素。如图 4－9 所示，设 u 为待求像素与四邻像素的左上点的水平坐标差，v 为待求像素与四邻像素的左上点的垂直坐标差。将待求图像像素在待插值图中的坐标位置进行四舍五入处理，对应坐标的像素值即为待求图像像素的值。

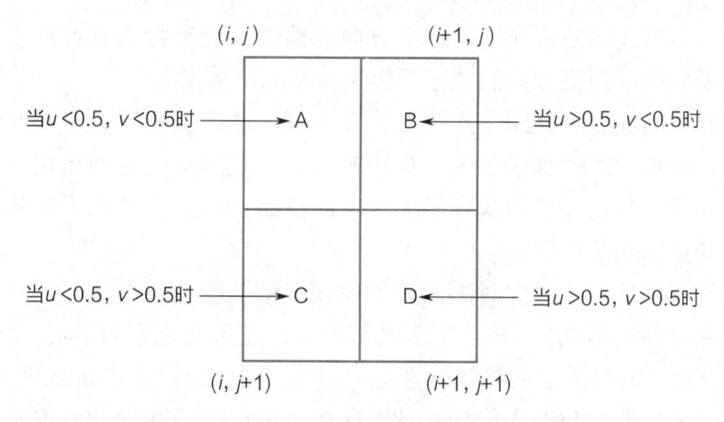

图4－9　最近邻插值算法像素值原理示意图

最近邻插值算法优点：计算量很小，算法简单，因此运算速度较快。

最近邻插值算法缺点：放大图像时会出现严重的马赛克，缩小图像则会严重失真。由于它仅使用离待测采样点最近的像素的灰度值作为该采样点的灰度值，没考虑其他相邻像素点的影响，因而重新采样后灰度值有明显的不连续性，图像质量损失较大，会产生明显的马赛克和锯齿。

2）双线性插值算法。双线性插值算法即在两个方向分别进行一次线性插值，通过四个相邻像素插值得到待求像素，如图 4－10 所示。已知 Q_{11}、Q_{12}、Q_{21}、Q_{22} 为原图中的四邻像素，P 点为待求像素，图 4－10 所示的双线性插值步骤如下。

①通过 Q_{12}、Q_{22} 线性插值得到 R_2，通过 Q_{11}、Q_{21} 线性插值得到 R_1 。

②通过 R_1、R_2 线性插值得到 P。

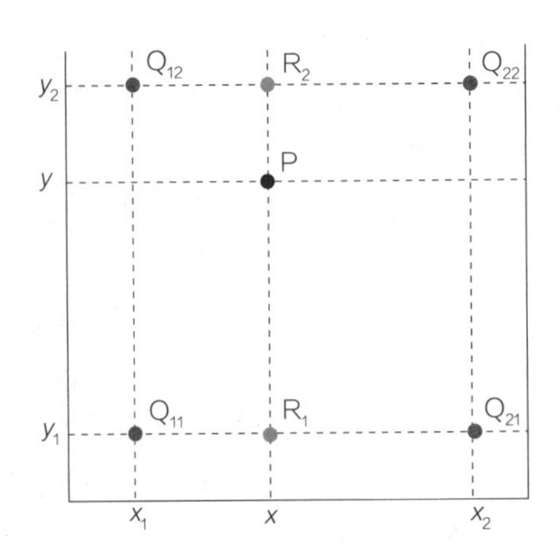

图 4-10 双线性插值算法示意图

令：$\alpha=(x-x_1)/(x_2-x_1)$

$\beta=(y-y_1)/(y_2-y_1)$

则：$R_1=Q_{11}+(Q_{21}-Q_{11})\times\alpha=(1-\alpha)\times Q_{11}+\alpha\times Q_{21}$

$R_2=Q_{12}+(Q_{22}-Q_{12})\times\alpha=(1-\alpha)\times Q_{12}+\alpha\times Q_{22}$

$P=(1-\beta)\times R_1+\beta\times R_2=(1-\beta)(1-\alpha)Q_{11}+(1-\beta)\times\alpha\times Q_{21}+\beta\times(1-\alpha)Q_{12}+\alpha\times\beta\times Q_{22}$

$=(1-\alpha)((1-\beta)Q_{11}+\beta\times Q_{12})+\alpha\times((1-\beta)Q_{21}+\beta\times Q_{22})$

图 4-10 所示的双线性插值先进行水平方向的插值，再进行垂直方向上的插值，也可以先垂直插值再水平插值。插值方向的顺序不影响最终的结果。

双线性插值算法的优点：其图像连续性较好。双线性插值算法效果要好于最近邻插值算法，只是计算量比最近邻插值算法稍大，算法较复杂，程序运行时间也稍长，但缩放后的图像质量高，基本克服了最近邻插值灰度值不连续的特点，因为它考虑了待测采样点周围四个直接邻点对该采样点的相关性影响。

双线性插值算法的缺点：放大时图像较为模糊，细节损失较严重。它仅考虑待测样点周围四个直接邻点灰度值的影响，而未考虑到各邻点间灰度值变化率的影响，因此具有低通滤波器的性质，从而导致缩放后图像的高频分量受到损失，图像边缘在一定程度上变得较为模糊。用此方法缩放后的输出图像与输入图像相比，存在由于插值函数设计考虑不周而产生的图像质量受损与计算精度不高的问题。

（4）OpenCV 实现图像缩放　OpenCV 中的函数 cv2. resize( ) 可以实现图像的放大和缩小，缩放时需要设置缩放的比例，一种办法是设置缩放因子，另一种办法是直接设置图像的大小，在缩放以后，图像必然会发生变化，这就涉及图像的插值问题。

缩放有几种不同的插值方法，在缩小时推荐使用 cv2. INTER_ AREA，扩大时推荐使用 cv2. INTER_ CUBIC 和 cv2. INTER_ LINEAR。

在图像缩放中常常会用到两个概念，也就是水平缩放系数和垂直缩放系数，水平缩放系数控制水平像素的缩放比例，垂直缩放系数控制垂直方向上像素的缩放比例。在实际运用缩放时，常常需要保持原始图像的宽度和高度的比例，也就是让水平缩放系数和垂直缩放系数相同。因为这种缩放系数不会使得缩放后的图像发生变形。

在 OpenCV 中，使用函数 cv2. resize( ) 函数实现对图像的缩放，其格式为：

```
dst = cv2.resize(src, dsize, dst = None, fx = None, fy = None, interpolation =
None)
```

参数说明如下：

src：原始图像。

dsize：输出图像的尺寸（元组方式）。

dst：输出图像。

fx：沿水平轴缩放的比例因子。

fy：沿垂直轴缩放的比例因子。

interpolation：插值方法，见表4-4。

表4-4 interpolation参数取值说明

interpolation选项	插值方式
cv2. INTER_NEAREST	最近邻插值
cv2. INTER_LINEAR	双线性插值（默认）
cv2. INTER_AREA	使用像素区域关系进行重采样
cv2. INTER_CUBIC	4×4像素邻域的双三次插值
cv2. INTER_LANCZOS4	8×8像素邻域的Lanczos插值

在cv2. resize()函数中，目标图像的大小可以通过参数dsize或者参数fx和fy二者之一来指定，具体如下。

如果指定参数dsize的值，则无论是否指定了参数fx和fy，都由参数dsize来决定图像的大小。

此时需要注意的是：dsize内的第一个参数对应缩放后图像的宽度（width，即列数cols，与参数fx有关），第二个参数对应缩放后图像的高度（height，即行数rows，与参数fy相关）。

指定参数dsize的值时，x方向的缩放大小为：(double) dsize. width/src. cols，同时，y方向的缩放大小为：(double) dsize. height/src. rows。

如果参数dsize的值是None，那么目标图像的大小通过参数fx和fy来决定。此时，目标图像的大小为：

$$dsize = size(round(fx \times src.cols), round(fy \times src.rows))$$

应用实例：完成一个简单的图像缩放，查看缩放效果

```
import cv2

img = cv2.imread("../images/hehua.jpg")
h, w = img.shape[:2]

size = (int(w * 0.6), int(h * 0.4))
new = cv2.resize(img, size)
print("img.shape = ", img.shape)
print("new.shape = ", new.shape)
```

输出结果：

```
img.shape = (500, 500, 3)
new.shape = (200, 300, 3)
```

应用实例：控制 cv2. resize 的参数 fx、fy 参数，完成图像缩放

```
import cv2

img = cv2.imread("../images/hehua.jpg")
new = cv2.resize(img, None, fx=2, fy=0.5)
print("img.shape = ", img.shape)
print("new.shape = ", new.shape)
```

输出结果：

```
img.shape = (500, 500, 3)
new.shape = (250, 1000, 3)
```

4.2.2 平移

（1）图像平移简介　图像平移（Translation）变换是图像几何变换中最简单的一种变换，图像的平移操作是将图像的所有像素坐标进行水平或者垂直方向的移动，也就是所有像素点按照给定的偏移量在水平方向上沿 x 轴，在垂直方向上沿 y 轴移动。

（2）图像平移原理　设原始图像像素点为（x_0，y_0），平移后的图像的像素点为（x，y），x 方向平移的距离为 Δx，y 方向平移的距离为 Δy，则：

$$\begin{cases} x = x_0 + \Delta x \\ y = y_0 + \Delta y \end{cases}$$

将上述表达式写成矩阵的形式如下：

$$\begin{bmatrix} x \\ y \\ 1 \end{bmatrix} = \begin{bmatrix} 1 & 0 & \Delta x \\ 0 & 1 & \Delta y \\ 0 & 0 & 1 \end{bmatrix} \begin{bmatrix} x_0 \\ y_0 \\ 1 \end{bmatrix}$$

对于目标图像其逆变换矩阵为：

$$\begin{bmatrix} x_0 \\ y_0 \\ 1 \end{bmatrix} = \begin{bmatrix} 1 & 0 & -\Delta x \\ 0 & 1 & \Delta y \\ 0 & 0 & 1 \end{bmatrix} \begin{bmatrix} x \\ y \\ 1 \end{bmatrix}$$

图像的平移变换非常简单，在平移之前，需要先构造一个移动矩阵，所谓移动矩阵，就是指明在 x 轴方向上移动多少距离，在 y 轴上移动多少距离。平移变换的示意图如图 4 - 11 所示。

（3）OpenCV 实现图像平移　按照指定的方向和距离，将图像移动到相应位置，使用函数 cv2. warpAffine()可以实现图像平移，其格式为：

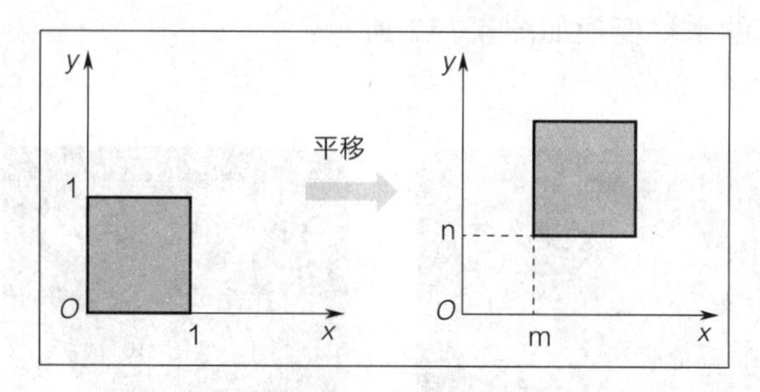

图4-11　平移变换的示意图

```
dst = cv2.warpAffine(src,M,dsize[,dst[,flags[,borderMode[,borderValue]]]])
```

参数说明如下：

src：输入图像。

M：2×3 移动矩阵，是 np. float32 类型的 numpy 数组。

对于（x，y）处的像素点，要移动到（$x+\Delta x$，$y+\Delta y$）处时，M 矩阵设置如下：

$$M=\begin{bmatrix}1 & 0 & \Delta x\\0 & 1 & \Delta y\end{bmatrix}$$

dsize：输出图像的大小。

flags：插值方法的组合（int 类型）。

borderMode：边界像素模式（int 类型）。

borderValue：边界填充值；默认为 0。

flags：表示插值方式，默认为 flags = cv2. INTER_ LINEAR，表示线性插值，此外还有：cv2. INTER_ NEAREST（最近邻插值）、cv2. INTER_ AREA（区域插值）、cv2. INTER_ CUBIC（三次样条插值）、cv2. INTER_ LANCZOS4（Lanczos 插值）。

应用实例：利用 OpenCV 实现图像的平移变换（1）

```
import cv2
import numpy as np
import matplotlib.pyplot as plt

img = cv2.imread('../images/hehua.jpg')
rows, cols = img.shape[:2]

M = np.float32([[1, 0, 100], [0, 1, 50]])
dst = cv2.warpAffine(img, M, (cols, rows))

res = cv2.cvtColor(img, cv2.COLOR_BGR2RGB)
resnew = cv2.cvtColor(dst, cv2.COLOR_BGR2RGB)

plt.subplot(121), plt.imshow(res), plt.axis('off'), plt.title('in')
plt.subplot(122), plt.imshow(resnew), plt.axis('off'), plt.title('out')
plt.show()
```

输出结果，即图像的平移变换如图 4 - 12 所示：

图 4 - 12　图像的平移变换（1）

应用实例：利用 OpenCV 实现图像的平移变换（2）

```
import numpy as np
import cv2 as cv
import matplotlib.pyplot as plt

img0 = cv.imread("../images/hehua.jpg")
rows, cols = img0.shape[:2]

M = np.float32([[1, 0, 100], [0, 1, 50]])
dst = cv.warpAffine(img0, M, (cols * 3, rows * 3))

fig, axes = plt.subplots(nrows =1, ncols =2, figsize =(10, 8))
axes[0].imshow(img0[:, :, :: -1])
axes[0].set_title("img")
axes[1].imshow(dst[:, :, :: -1])
axes[1].set_title("shift")
plt.show()
```

输出结果，即图像的平移变换如图 4 - 13 所示。

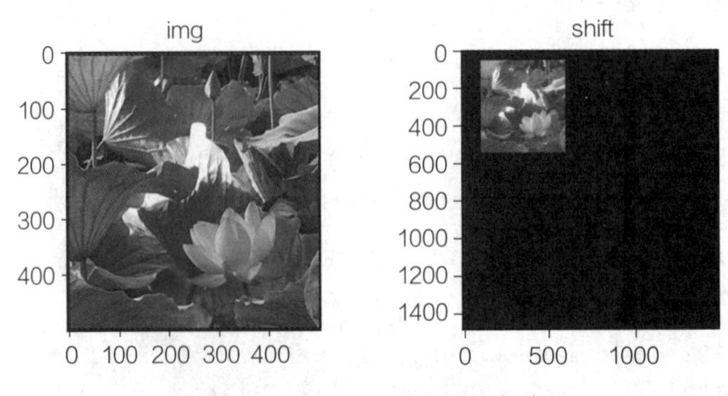

图 4 - 13　图像的平移变换（2）

4.2.3 旋转

（1）旋转变换简介　旋转变换是由一个图形改变为另一个图形，在改变过程中，原图上所有的点都绕一个固定的点换同一方向，转动同一个角度，通过图像旋转，图像按照某个位置转动一定角度的过程，旋转中图像仍保持着原始尺寸。

（2）旋转原理　图像旋转后，图像的水平对称轴、垂直对称轴及中心坐标原点都可能会发生变化。图像中的坐标系由 x 轴水平方向向右，y 轴竖直方向向下构成。设图像旋转中心为（c_x，c_y），源图像数据坐标（x_0，y_0），旋转后目标图像坐标为（x，y），首先需要将坐标原点由图像左上角变换到旋转中心，旋转坐标转换矩阵形式为：

$$[x \quad y \quad 1] = [x_0 \quad y_0 \quad 1]\begin{bmatrix} 1 & 0 & 0 \\ 0 & -1 & 0 \\ -c_x & c_y & 1 \end{bmatrix}$$

在极坐标情况下顺时针旋转 θ，根据坐标变换可得到旋转转换为：

$$\begin{cases} x = r\cos(\alpha - \theta) \\ y = r\sin(\alpha - \theta) \end{cases}$$

将其转换为图像矩阵表达式为：

$$[x \quad y \quad 1] = [x_0 \quad y_0 \quad 1]\begin{bmatrix} \cos\theta & -\sin\theta & 0 \\ \sin\theta & \cos\theta & 0 \\ 0 & 0 & 1 \end{bmatrix}$$

旋转变换变化示意图如图4－14所示。

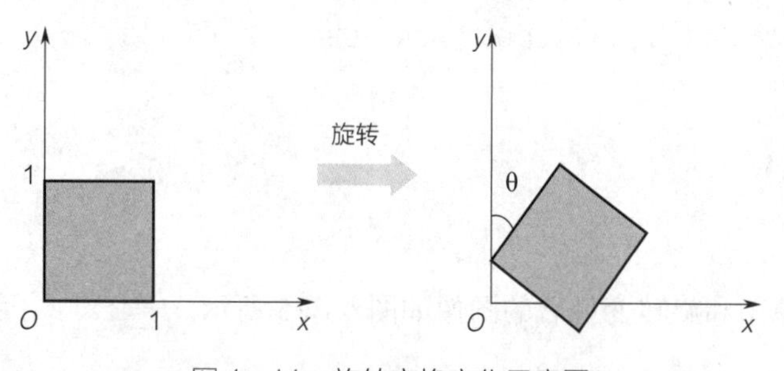

图4－14　旋转变换变化示意图

（3）OpenCV 实现图像旋转　在 OpenCV 中，图像的翻转采用函数 cv2. flip( )实现，该函数可以实现水平方向翻转、垂直方向翻转、两个方向同时翻转。

函数 cv2. flip( )的格式为：

```
dst = cv2.flip(src,flipCode[,dst])
```

参数说明如下：

src：要被处理的原始图像。

dst：和原图像具有相同大小、类型的目标图像。

flipCode：旋转类型。

应用实例：利用函数 cv2. flip( ) 完成图像的翻转

```
import matplotlib.pyplot as plt
import cv2
img = cv2.imread("../images/hehua.jpg")
x = cv2.flip(img, 0)
y = cv2.flip(img, 1)
xy = cv2.flip(img, -1)
plt.subplot(2, 2, 1)
res = cv2.cvtColor(img, cv2.COLOR_BGR2RGB)
plt.imshow(res)
plt.axis('off')
plt.title('img')
plt.subplot(2, 2, 2)
res = cv2.cvtColor(x, cv2.COLOR_BGR2RGB)
plt.imshow(res)
plt.axis('off')
plt.title('x')
plt.subplot(2, 2, 3)
res = cv2.cvtColor(y, cv2.COLOR_BGR2RGB)
plt.imshow(res)
plt.axis('off')
plt.title('y')
plt.subplot(2, 2, 4)
res = cv2.cvtColor(xy, cv2.COLOR_BGR2RGB)
plt.imshow(res)
plt.axis('off')
plt.title('xy')
plt.show()
```

输出结果，即原图和旋转变换后的图像如图 4-15 所示。

图 4-15 原图和旋转变换后的图像

应用实例：将图像相对于中心旋转 90°而不进行任何缩放

```
import cv2
import matplotlib.pyplot as plt
import numpy as np
img = cv2.imread('../images/hehua2.jpg')
r,c = img.shape[:2]
M = cv2.getRotationMatrix2D(((c-1)/2.0,(r-1)/2.0),90,1)
dst = cv2.warpAffine(img,M,(c,r))
res = cv2.cvtColor(img, cv2.COLOR_BGR2RGB)
resnew = cv2.cvtColor(dst, cv2.COLOR_BGR2RGB)
plt.subplot(121), plt.imshow(res), plt.axis('off'),plt.title('in')
plt.subplot(122), plt.imshow(resnew),plt.axis('off'), plt.title('out')
plt.show()
```

输出结果，即原图和相对于中心旋转 90°的图像如图 4 - 16 所示。

图 4 - 16　原图和相对于中心旋转 90°的图像

OpenCV 中利用 cv2.getRotationMatrix2D( ) 函数实现旋转变换，其格式为：

```
cv2.getRotationMatrix2D(center, angle, scale)。
```

参数说明如下：
center：旋转中心。
angle：旋转角度。
scale：缩放比例。

应用实例：利用 OpenCV 实现图像旋转变换

```
import cv2
import matplotlib.pyplot as plt
img = cv2.imread('../images/hehua2.jpg')
imgInfo = img.shape
h = imgInfo[0]
w = imgInfo[1]
Rotate = cv2.getRotationMatrix2D((h*0.5, w*0.5), 45, 0.7)
```

```
dst = cv2.warpAffine(img, Rotate, (h, w))
res = cv2.cvtColor(img, cv2.COLOR_BGR2RGB)
resnew = cv2.cvtColor(dst, cv2.COLOR_BGR2RGB)
plt.subplot(121), plt.imshow(res), plt.axis('off'),plt.title('in')
plt.subplot(122), plt.imshow(resnew),plt.axis('off'), plt.title('out')
plt.show()
```

输出结果，即原图和旋转变换后的图像如图4-17所示。

图4-17　原图和旋转变换后的图像

4.2.4　仿射

（1）仿射变换（Affine Transformation）简介　仿射变换（Affine Transformation 或 Affine Map），是指将图像进行从一个向量空间进行一次线性变换和一次平移，变换到另一个向量空间的过程。仿射变换又称为图像仿射映射，可以认为是透视变换的一种特殊情况，是透视变换的子集。图像仿射变换等于图像线性变换和平移的组合。

（2）仿射变换原理　仿射变换描述了一种二维仿射变换的功能，它是一种二维坐标之间的线性变换，保持二维图形的“平直性”（即变换后直线还是直线，圆弧还是圆弧）和“平行性”（即保持二维图形间的相对位置关系不变，平行线还是平行线，而直线上的点的位置顺序不变，特别注意向量间夹角可能会发生变化）。

仿射变换可以通过一系列的原子变换的复合来实现，包括平移（Translation）、缩放（Scaling）、翻转（Flipping）、旋转（Rotation）和错切（Shearing）。

仿射变换示意图如图4-18所示。

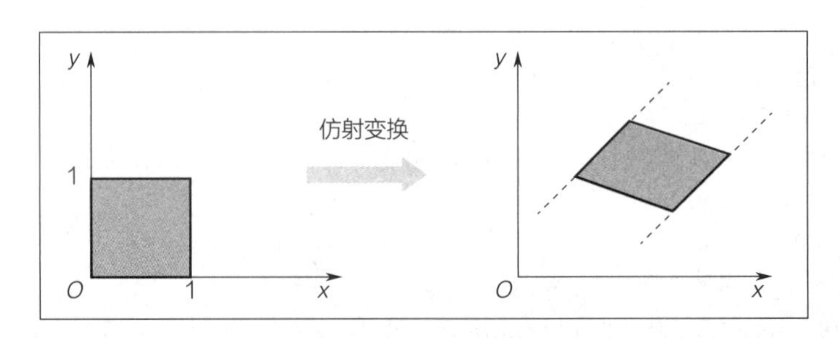

图4-18　仿射变换示意图

假设原始图像的像素点为（x_0，y_0），仿射变换后的像素为（x，y），t_x，t_y 表示平移量，而参数 a、b、c、d 反映了图像的旋转、缩放等变换。仿射变换可以写为如下形式：

$$\begin{cases} x = ax_0 + by_0 + t_x \\ y = cx_0 + dy_0 + t_y \end{cases}$$

仿射变换是指在向量空间中进行一次线性变换（乘以一个矩阵）并加上一个平移（加上一个向量），变换到另一个向量空间的过程。在有限维的情况下，每个仿射变换可以由一个矩阵 A 和一个向量 b 给出，仿射变换写成矩阵的形式如下：

$$\begin{bmatrix} x \\ y \\ 1 \end{bmatrix} = \begin{bmatrix} a & b & t_x \\ c & d & t_y \\ 0 & 0 & 1 \end{bmatrix} \begin{bmatrix} x_0 \\ y_0 \\ 1 \end{bmatrix}$$

（3）OpenCV 实现仿射变换　在 OpenCV 中，使用 cv2.warpAffine() 函数实现仿射变换，其格式为：

```
dst = cv2.warpAffine(src, M, dsize[, dst[,flags[,borderMode[,borderValue]]]])
```

参数说明如下：

src：输入图像。

dst：输出图像，其大小为 dsize，并且与 src 类型相同。

M：转换矩阵。

dsize：输出图像的大小。

borderValue：边界不变时使用的值；默认为 0，也就是黑色。

flags：插值方法，取值如下：

- cv2.INTER_NEAREST：最近邻插值。
- cv2.INTER_LINEAR：双线性插值（默认使用）。
- cv2.INTER_AREA：使用像素面积关系进行重采样。
- cv2.INTER_CUBIC：在 4×4 像素邻域上的双三次插值。
- cv2.INTER_LANCZOS4：在 8×8 像素邻域上的 Lanczos 插值。

应用实例：利用 OpenCV 中的实现仿射变换

```
import cv2
import numpy as np
import matplotlib.pyplot as plt
img = cv2.imread('../images/hehua2.jpg')
r, c = img.shape[:2]
pts1 = np.float32([[50, 65], [150, 65], [210, 210]])
pts2 = np.float32([[50, 100], [150, 65], [100, 250]])
M = cv2.getAffineTransform(pts1, pts2)
new = cv2.warpAffine(img, M, (c, r))
plt.subplot(121), plt.imshow(img), plt.title('in')
plt.subplot(122), plt.imshow(new), plt.title('out')
plt.show()
```

输出结果，即原图和仿射变换后的图像如图 4－19 所示。

图 4－19 原图和仿射变换后的图像

4.2.5 透视

（1）透视变换简介 透视变换（Perspective Transformation）是仿射变换的一种非线性扩展，是将图片投影到一个新的视平面（Viewing Plane），也称作投影映射（Projective Mapping）。

（2）透视变换原理 透视变换是将二维的图片投影到一个三维视平面上，然后再转换到二维坐标下，所以也称为投影映射（Projective Mapping）。简单来说就是二维→三维→二维的一个过程。

相对仿射变换来说，透视变换改变了直线之间的平行关系。透视变换的示意图如图 4－20 所示。

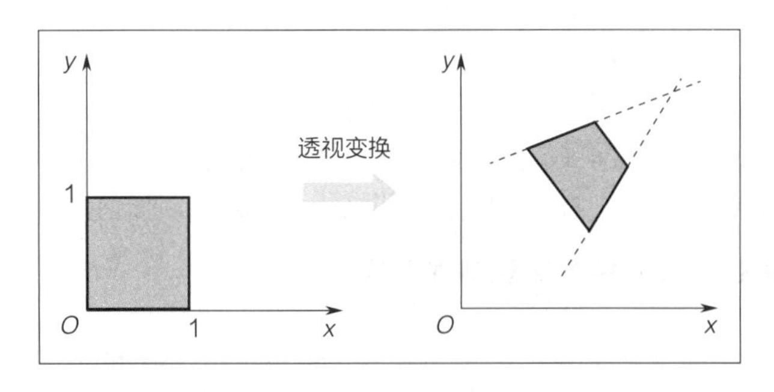

图 4－20 透视变换的示意图

透视变换公式：

$$\begin{cases} X = a_1 x_0 + b_1 y_0 + c_1 \\ Y = a_2 x_0 + b_2 y_0 + c_2 \\ Z = a_3 x_0 + b_3 y_0 + c_3 \end{cases}$$

透视变换矩阵表示：

$$\begin{bmatrix} X \\ Y \\ Z \end{bmatrix} = \begin{bmatrix} a_1 & b_1 & c_1 \\ a_2 & b_2 & c_2 \\ a_3 & b_3 & c_3 \end{bmatrix} \begin{bmatrix} x_0 \\ y_0 \\ 1 \end{bmatrix}$$

仿射变换是透视变换的子集。接下来再通过除以Z轴转换成二维坐标：

$$x=\frac{X}{Z}=\frac{a_1x_0+b_1y_0+c_1}{a_3x_0+b_3y_0+c_3}$$

$$y=\frac{Y}{Z}=\frac{a_2x_0+b_2y_0+c_2}{a_3x_0+b_3y_0+c_3}$$

透视变换相比仿射变换更加灵活，变换后会产生一个新的四边形，但不一定是平行四边形，所以需要非共线的四个点才能唯一确定，原图中的直线变换后依然是直线。因为四边形包括了所有的平行四边形，所以透视变换包括了所有的仿射变换。

（3）在 OpenCV 中实现透视变换　首先根据变换前后的四个点，用函数 cv. getPerspectiveTransform( )生成 3×3 的变换矩阵，然后再用函数 cv2. warpPerspective( )进行透视变换。

在 OpenCV 中实现图像的透视变换的函数为 cv2. warpPerspective( )。其格式为：

```
dst = cv2.warpPerspective(src, M, dsize[, dst[, flags[, borderMode[, borderValue]]]])
```

参数说明下：

src：输入图像。

dst：输出图像。

M：2×3 的变换矩阵。

dsize：变换后输出图像尺寸。

flags：代表插值方法，默认为 cv2. INTER_LINEAR。当该值为 cv2. WARP_INVERSE_MAP 时，意味着 M 是逆变换类型，能实现从目标图像 dst 到原始图像 src 的逆变换。flags 的取值说明如下：

- cv2. INTER_NEAREST：最近邻插值。
- cv2. INTER_LINEAR：双线性插值（默认使用）。
- cv2. INTER_AREA：使用像素面积关系进行重采样。这可能是首选的图像抽取方法，因为它可以提供无波纹的结果。但是当图像放大时，它类似于 INTER_NEAREST 方法。
- cv2. INTER_CUBIC：在 4×4 像素邻域上的双三次插值。
- cv2. INTER_LANCZOS4：在 8×8 像素邻域上的 Lanczos 插值。

borderMode：边界像素外扩方式。

borderValue：边界像素插值，默认用 0 填充。

在 OpenCV 中获取透视变换矩阵的函数为 cv2. getPerspectiveTransform( )，其格式为：

```
retval = cv2.getPerspectiveTransform(src, dst)
```

参数说明如下：

src：源图像中待测矩形的四点坐标。

dst：目标图像中矩形的四点坐标。

应用实例：图像透视变换效果

```
import cv2
import numpy as np
import matplotlib.pyplot as plt

def rad(x):
    return x * np.pi /180
def get_warpR():
    anglex = 0
    angley = 30
    anglez = 0
    fov = 42
    z = np.sqrt(w * * 2 + h * * 2) /2 /np.tan(rad(fov /2))
    rx = np.array([[1, 0, 0, 0],
                   [0, np.cos(rad(anglex)), -np.sin(rad(anglex)), 0],
                   [0, -np.sin(rad(anglex)), np.cos(rad(anglex)), 0, ],
                   [0, 0, 0, 1]], np.float32)
    ry = np.array([[np.cos(rad(angley)), 0, np.sin(rad(angley)), 0],
                   [0, 1, 0, 0],
                   [ -np.sin(rad(angley)), 0, np.cos(rad(angley)), 0, ],
                   [0, 0, 0, 1]], np.float32)
    rz = np.array([[np.cos(rad(anglez)), np.sin(rad(anglez)), 0, 0],
                   [ -np.sin(rad(anglez)), np.cos(rad(anglez)), 0, 0],
                   [0, 0, 1, 0],
                   [0, 0, 0, 1]], np.float32)
    r = rx.dot(ry).dot(rz)
    pcenter = np.array([h /2, w /2, 0, 0], np.float32)
    p1 = np.array([0, 0, 0, 0], np.float32) - pcenter
    p2 = np.array([w, 0, 0, 0], np.float32) - pcenter
    p3 = np.array([0, h, 0, 0], np.float32) - pcenter
    p4 = np.array([w, h, 0, 0], np.float32) - pcenter

    dst1 = r.dot(p1)
    dst2 = r.dot(p2)
    dst3 = r.dot(p3)
    dst4 = r.dot(p4)
    list_dst = [dst1, dst2, dst3, dst4]

    org = np.array([[0, 0],
                    [w, 0],
                    [0, h],
                    [w, h]], np.float32)
    dst = np.zeros((4, 2), np.float32)
    for i in range(4):
```

```
        dst[i,0] = list_dst[i][0] * z /(z - list_dst[i][2]) + pcenter[0]
        dst[i,1] = list_dst[i][1] * z /(z - list_dst[i][2]) + pcenter[1]
    warpR = cv2.getPerspectiveTransform(org, dst)
    return warpR

img = cv2.imread('../images/hehua.jpg')
img = cv2.copyMakeBorder(img, 200, 200, 200, 200, cv2.BORDER_CONSTANT, 0)
w, h = img.shape[0:2]
warpR = get_warpR()
result = cv2.warpPerspective(img, warpR, (h, w))

res = cv2.cvtColor(img, cv2.COLOR_BGR2RGB)
resnew = cv2.cvtColor(result, cv2.COLOR_BGR2RGB)

plt.subplot(121), plt.imshow(res), plt.axis('off'), plt.title('in')
plt.subplot(122), plt.imshow(resnew), plt.axis('off'), plt.title('out')
plt.show()
```

输出结果，即原图和透视变换后的图像如图4－21所示。

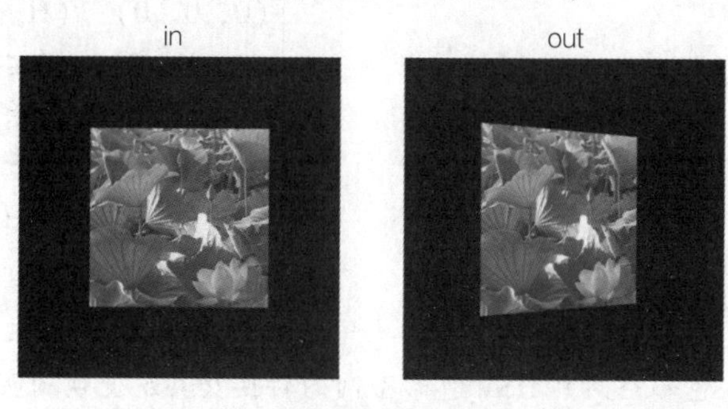

图4－21 原图和透视变换后的图像

案 例

案例1：将图像从RGB色彩空间到HSV色彩空间的转换及其逆变换

HSV是使用色相（Hue）、饱和度（Saturation）、明度（Value）来表示色彩的一种方式。其中色相：将颜色用0～360°表示，就是我们日常讲的颜色名称，如红色、蓝色等。常用的颜色色相与颜色的对应关系见表4－5。

表4－5 常用的颜色色相与颜色的对应关系

红色	黄色	绿色	青色	蓝色	品红	红色
0°	60°	120°	180°	240°	300°	360°

饱和度：色彩的纯度，饱和度越低，色彩越暗淡（$0 \leqslant S < 1$）。

明度：颜色的明亮程度，数值越高越接近于白色，数值越低越接近于黑色（$0 \leqslant V < 1$）。

1）将图像从RGB色彩空间转换到HSV色彩空间。RGB色彩空间和HSV色彩空间之间的转换公式如下：

$$H=\begin{cases}0 & (\mathrm{Min}=\mathrm{Max})\\ 60\times\dfrac{G-R}{\mathrm{Max}-\mathrm{Min}}+60 & (\mathrm{Min}=B)\\ 60\times\dfrac{B-G}{\mathrm{Max}-\mathrm{Min}}+180 & (\mathrm{Min}=R)\\ 60\times\dfrac{R-B}{\mathrm{Max}-\mathrm{Min}}+300 & (\mathrm{Min}=G)\end{cases}$$

饱和度：$S=\mathrm{Max}-\mathrm{Min}$。

明度：$V=\mathrm{Max}$。

式中，$\mathrm{Max}=\mathrm{Max}(R, G, B)$，$\mathrm{Min}=\mathrm{Min}(R, G, B)$。

2）将图像从HSV色彩空间转换到RGB色彩空间。HSV色彩空间和RGB色彩空间之间的转换公式如下：

$$C=S$$

$$H'=\frac{H}{60}$$

$$X=C\times(1-|H'_{\mathrm{mod}2-1}|)$$

$$(R, G, B)=(V-C)\times(1, 1, 1)+\begin{cases}(0, 0, 0) & (H\text{未定义})\\ (C, X, 0) & (0\leqslant H'<1)\\ (X, C, 0) & (1\leqslant H'<2)\\ (0, C, X) & (2\leqslant H'<3)\\ (0, X, C) & (3\leqslant H'<4)\\ (X, 0, C) & (4\leqslant H'<5)\\ (C, 0, X) & (5\leqslant H'<6)\end{cases}$$

3）将图像从RGB色彩空间到HSV色彩空间的转换及其逆变换的实现代码如下：

```
import cv2
import numpy as np
import matplotlib.pyplot as plt

def BGR2HSV(_img):
    img = _img.copy() /255.
    hsv = np.zeros_like(img, dtype=np.float32)
    max_v = np.max(img, axis=2).copy()
    min_v = np.min(img, axis=2).copy()
    min_arg = np.argmin(img, axis=2)
    hsv[..., 0][np.where(max_v == min_v)] = 0
    ind = np.where(min_arg == 0)
    hsv[..., 0][ind] = 60 * (img[..., 1][ind] - img[..., 2][ind]) /(max_v[ind]
- min_v[ind]) + 60
    ind = np.where(min_arg == 2)
    hsv[..., 0][ind] = 60 * (img[..., 0][ind] - img[..., 1][ind]) /(max_v[ind]
- min_v[ind]) + 180
```

```
    ind = np.where(min_arg == 1)
    hsv[..., 0][ind] = 60 * (img[..., 2][ind] - img[..., 0][ind]) /(max_v[ind]
- min_v[ind]) + 300
    hsv[..., 1] = max_v.copy() - min_v.copy()
    hsv[..., 2] = max_v.copy()
    return hsv

def HSV2BGR(_img, hsv):
    img = _img.copy() /255.
    max_v = np.max(img, axis=2).copy()
    min_v = np.min(img, axis=2).copy()
    out = np.zeros_like(img)
    H = hsv[..., 0]
    S = hsv[..., 1]
    V = hsv[..., 2]
    C = S
    H_ = H /60.
    X = C * (1 - np.abs( H_ % 2 - 1))
    Z = np.zeros_like(H)
    vals = [[Z,X,C], [Z,C,X], [X,C,Z], [C,X,Z], [C,Z,X], [X,Z,C]]
    for i in range(6):
        ind = np.where((i <= H_) & (H_ < (i+1)))
        out[..., 0][ind] = (V - C)[ind] + vals[i][0][ind]
        out[..., 1][ind] = (V - C)[ind] + vals[i][1][ind]
        out[..., 2][ind] = (V - C)[ind] + vals[i][2][ind]
    out[np.where(max_v == min_v)] = 0
    out = np.clip(out, 0, 1)
    out = (out * 255).astype(np.uint8)
    return out

img = cv2.imread("../images/hehua.jpg").astype(np.float32)
imgres = cv2.imread('../images/hehua.jpg')
hsv = BGR2HSV(img)
hsv[..., 0] = (hsv[..., 0] + 180) % 360
out = HSV2BGR(img, hsv)
res = cv2.cvtColor(imgres, cv2.COLOR_BGR2RGB)
resnew = cv2.cvtColor(out, cv2.COLOR_BGR2RGB)

plt.subplot(121), plt.imshow(res), plt.axis('off'), plt.title('in')
plt.subplot(122), plt.imshow(resnew), plt.axis('off'), plt.title('out')
plt.show()
```

输出结果，即 RGB 和 HSV 格式互相转换如图 4-22 所示。

图4-22 RGB和HSV格式互相转换

案例2： 编写程序完成图像的几何变换

1）图像水平放大1.3倍，查看其像素值的变化。

```
import cv2
import matplotlib.pyplot as plt

img = cv2.imread("../images/hehua.jpg")
r,c = img.shape[:2]
imgsize = c,r
size = (int(c*1.3),int(r*1.0))
new_pic = cv2.resize(img,size)
print("img.shape = ",img.shape)
print("new_pic.shape = ", new_pic.shape)

res = cv2.cvtColor(img, cv2.COLOR_BGR2RGB)
resnew = cv2.cvtColor(new_pic, cv2.COLOR_BGR2RGB)
plt.subplot(121),plt.imshow(res), plt.axis('off'), plt.title('in')
plt.subplot(122),plt.imshow(resnew), plt.axis('off'), plt.title('out')
plt.show()
```

输出的结果，即图像水平放大1.3倍如图4-23所示。

```
img.shape = (500, 500, 3)
new_pic.shape = (500, 650, 3)
```

图4-23 图像水平放大1.3倍

2）图像的水平方向和垂直方向缩小到原先的一半，查看其像素值的变化。

```
import cv2
img = cv2.imread("../images/hehua.jpg ")
r,c = img.shape[:2]
size = (int(c * 0.5),int(r * 0.5))
new = cv2.resize(img,size)
print("img.shape = ",img.shape)
print("new.shape = ", new.shape)
cv2.imshow("img",img)
cv2.imshow("new", new)
cv2.waitKey()
cv2.destroyAllWindows()
```

输出结果：

```
img.shape = (500, 500, 3)
new_pic.shape = (250, 250, 3)
```

3）实现图像平移变换，观察变换的结果。

```
import cv2
import numpy as np
import matplotlib.pyplot as plt
plt.figure(figsize = (15, 8))
img = cv2.imread("../images/hehua.jpg")
image = cv2.cvtColor(img, cv2.COLOR_BGR2RGB)
M = np.float32([[1, 0, 0], [0, 1, 100]])
img1 = cv2.warpAffine(image, M, (image.shape[1], image.shape[0]))
M = np.float32([[1, 0, 0], [0, 1, -100]])
img2 = cv2.warpAffine(image, M, (image.shape[1], image.shape[0]))
M = np.float32([[1, 0, 100], [0, 1, 0]])
img3 = cv2.warpAffine(image, M, (image.shape[1], image.shape[0]))
M = np.float32([[1, 0, -100], [0, 1, 0]])
img4 = cv2.warpAffine(image, M, (image.shape[1], image.shape[0]))
titles = ['org', 'up', 'right', 'left']
images = [img1, img2, img3, img4]
for i in range(4):
    plt.subplot(1, 4, i + 1), plt.imshow(images[i], 'gray')
    plt.title(titles[i])
    plt.xticks([]), plt.yticks([])
plt.show()
```

输出结果，即图像平移变换如图4-24所示。

图4-24　图像平移变换

4）实现图像的沿水平和垂直方向镜像。

```
import cv2
#原始图像
sourceImage = cv2.imread("../images/hehua.jpg")
cv2.imshow("sourceImage", sourceImage)
#转置图像
transposedImage = cv2.transpose(sourceImage)
cv2.imshow("transposedImage", transposedImage)
#X轴旋转
flipedImageX = cv2.flip(transposedImage, 0)
cv2.imshow("flipedImageX", flipedImageX)
#Y轴旋转
flipedImageY = cv2.flip(transposedImage, 1)
cv2.imshow("flipedImageY", flipedImageY)
cv2.waitKey(0)
cv2.destroyAllWindows()
```

输出结果，即图像翻转变换如图4-25所示。

原始图像

转置后的图像

沿X轴旋转后图像

沿Y轴旋转后图像

图4-25　图像翻转变换

5）实现图像仿射变换，观察变换结果。

```
import numpy as np
import cv2
import matplotlib.pyplot as plt

img = cv2.imread('../images/hehua2.jpg')
h, w = img.shape[:2]
A1 = np.array([[0.5, 0, 0], [0, 0.5, 0]], np.float32)
A2 = cv2.warpAffine(img, A1, (w, h), borderValue=126)
B1 = np.array([[0.5, 0, w/4], [0, 0.5, h/4]], np.float32)
B2 = cv2.warpAffine(img, B1, (w, h), borderValue=126)
C1 = cv2.getRotationMatrix2D((w/2.0, h/2.0), 30, 1)
C2 = cv2.warpAffine(img, C1, (w, h), borderValue=126)
imgColor = cv2.cvtColor(img, cv2.COLOR_BGR2RGB)
A2Color = cv2.cvtColor(A2, cv2.COLOR_BGR2RGB)
B2Color = cv2.cvtColor(B2, cv2.COLOR_BGR2RGB)
C2Color = cv2.cvtColor(C2, cv2.COLOR_BGR2RGB)

plt.subplot(221), plt.imshow(imgColor), plt.axis('off'), plt.title('img')
plt.subplot(222), plt.imshow(A2Color), plt.axis('off'), plt.title('A2')
plt.subplot(223), plt.imshow(B2Color), plt.axis('off'), plt.title('B2')
plt.subplot(224), plt.imshow(C2Color), plt.axis('off'), plt.title('C2')
plt.show()
```

输出结果，即图像仿射变换如图4-26所示。

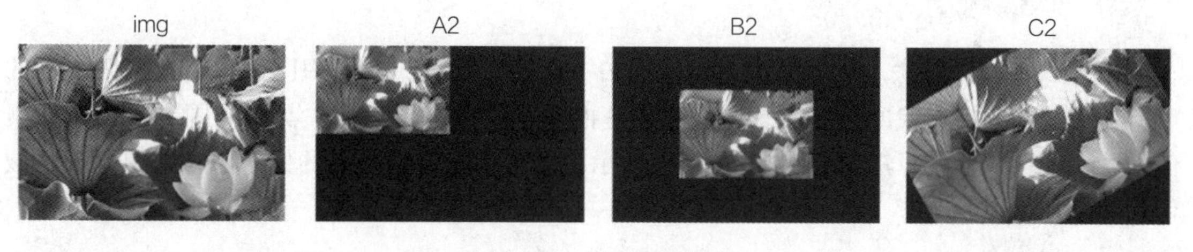

图4-26　图像仿射变换

习　题

1. 导入一幅彩色图像，将彩色图片转换成灰度图。
2. 将图像从jpg格式转换成png格式。
3. 利用OpenCV+Python进行仿射变换，实现图像倾斜矫正。
4. 利用OpenCV+Python调用笔记本计算机摄像头完成颜色跟踪识别。
5. 利用cv2.getRotationMatrix2D()将图像相对于中心旋转90度，且不进行任何缩放。

第 5 章 平滑处理和阈值处理

本章主要介绍图像的阈值处理和图像的平滑处理等内容，阈值处理与平滑处理都是去除图片中的“杂质”，让图片更加的干净明了。“杂质”去除后的图片，处理起来会更加的准确。本章主要介绍阈值与平滑处理基本原理、利用 OpenCV 实现平滑和阈值处理的方法。

扫码看视频

5.1 平滑处理

在图像产生、传输和复制过程中，常常会因为多方面的原因而被噪声干扰或出现数据丢失，降低了图像的质量，这就需要对图像进行一定的增强处理，以减小这些缺陷带来的影响。图像平滑是一种区域增强的算法，在 Python 中利用 OpenCV 实现图像平滑，包括均值滤波、方框滤波、高斯滤波、中值滤波、双边滤波、2D 卷积等。

5.1.1 均值滤波

(1) 均值滤波算法　均值滤波通过使用归一化的盒式过滤器卷积图像，用内核区域下的所有像素的平均值取代中心像素。均值滤波是指任意一点的像素值，都是周围 M × N 个像素值的均值。均值滤波算法示意图如图 5 - 1 所示，图中中间位置的点的像素值为周围背景区域像素值之和除以 9。

18	29	66	77	88
25	30	106	22	25
77	196	223	216	168
86	36	52	187	210
99	78	36	72	122

$\times \frac{1}{9}$

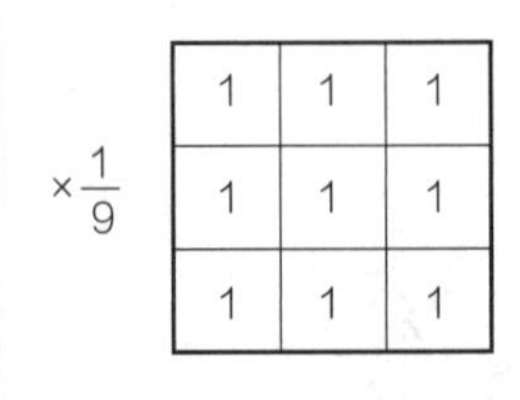

=

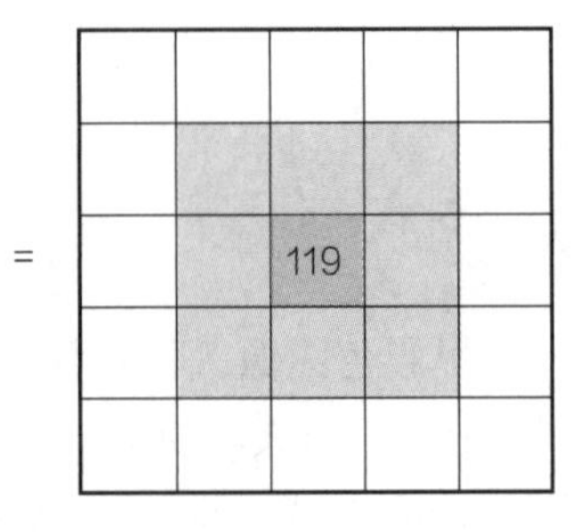

图 5 - 1　均值滤波算法示意图

图 5 - 1 中 3 × 3 的矩阵称为核，针对原始图像内的像素点，采用核进行处理，得到结果图像。数字图像是一个二维的数组，对数字图像做卷积操作其实就是利用卷积核在图像上滑动，将图像点上的像素值与对应的卷积核上的数值相乘，然后将所有相乘后的值相加作为卷

积核中间像素点的像素值，并最终滑动完所有图像的过程，卷积核一般表达式为：

$$\text{Kernel} = \frac{1}{M \times N}\begin{bmatrix} 1 & 1 & 1 & \cdots & 1 \\ 1 & 1 & 1 & \cdots & 1 \\ \vdots & \vdots & \vdots & & \vdots \\ 1 & 1 & 1 & \cdots & 1 \\ 1 & 1 & 1 & \cdots & 1 \end{bmatrix}$$

式中，M 和 N 分别对应高度和宽度，一般情况下，M 和 N 是相等的，常用 3×3、5×5、7×7 等。

卷积核越大，参与到均值运算中的像素就会越多，即当前点计算的是更多点的像素值的平均值。因此，卷积核越大，去噪效果越好，当然花费的计算时间就越长，同时图像失真越严重。在实际处理中，要在失真和去噪效果之间取得平衡，选取合适大小的卷积核。

（2）OpenCV 实现均值滤波　均值滤波在 OpenCV 中可用函数 cv2.blur()和 cv2.boxFilter()完成。在 Opencv 中，实现均值滤波的函数格式为：

```
dst = cv2.blur(src, ksize, dst = None, anchor = None, borderType = None)
```

参数说明如下：

src：输入图像。

ksize：滤波核的大小。滤波核大小是指在滤波处理过程中所选择的邻域图像的高度和宽度。

dst：输出图像。

anchor：锚点，其默认值是（1，-1），表示当前计算均值的点位于核的中心点位置。该值使用默认值即可，在特殊情况下可以指定不同的点作为锚点。

borderType：像素外推法，该值决定了以何种方式处理边界。

应用实例：进行均值滤波处理，得到去噪声图像，并显示原始图像和去噪图像

```
import cv2
import matplotlib.pyplot as plt

img = cv2.imread("../images/hehua2.jpg")
blur = cv2.blur(img, (7, 7))
res = cv2.cvtColor(img, cv2.COLOR_BGR2RGB)
resnew = cv2.cvtColor(blur, cv2.COLOR_BGR2RGB)
plt.subplot(121), plt.imshow(res), plt.axis('off'), plt.title('in')
plt.subplot(122), plt.imshow(resnew), plt.axis('off'), plt.title('out')
plt.show()
```

输出结果，即图像均值滤波的结果如图 5-2 所示。

图5-2　图像均值滤波的结果

应用实例：显示图像使用不同大小的卷积核对其进行均值滤波的情况

```
import cv2
import matplotlib.pyplot as plt
img = cv2.imread("../images/hehua2.jpg")
#均值滤波处理
r5 =cv2.blur(img,(5,5))
r10 =cv2.blur(img,(10,10))
# 显示图像
res = cv2.cvtColor(img, cv2.COLOR_BGR2RGB)
r5new = cv2.cvtColor(r5, cv2.COLOR_BGR2RGB)
r10new = cv2.cvtColor(r10, cv2.COLOR_BGR2RGB)
plt.subplot(131),plt.imshow(res), plt.axis('off'), plt.title('in')
plt.subplot(132),plt.imshow(r5new), plt.axis('off'), plt.title('r5')
plt.subplot(133),plt.imshow(r10new), plt.axis('off'), plt.title('r10')
plt.show()
```

输出结果，即卷积核对均值滤波结果的影响如图5-3所示。

图5-3　卷积核对均值滤波结果的影响

5.1.2　方框滤波

方框滤波与均值滤波的不同在于，方框滤波不计算像素均值，在均值滤波中，滤波结果的像素值是任意一个点的邻域平均值，等于各邻域像素值之和除以邻域面积，而在方框滤波中，可以自由选择是否对均值滤波的结果进行归一化，即可以自由选择滤波结果是邻域像素值之和的平均值，还是邻域像素值之和。

在 OpenCV 中，实现方框滤波的函数是 cv2. boxFilter()，其语法格式为：

```
dst = cv2.boxFilter(scr,ddepth,ksize,anchor,normalize,borderType)
```

参数说明如下：

src：输入图像。

ddepth：处理结果图像的图像深度，一般使用1表示与原始图像使用相同的图像深度。

ksize：滤波核的大小。滤波核大小是指在滤波处理过程中所选择的邻域图像的高度和宽度。

anchor：锚点，其默认值是（1，-1），表示当前计算均值的点位于核的中心点位置。该值使用默认值即可，在特殊情况下可以指定不同的点作为锚点。

borderType：边界外推方法，与函数 cv2. blur()的 borderType 相同。

normalize：表示在滤波时是否进行归一化（这里指将计算结果规范化为当前像素值范围内的值）处理，该参数是一个逻辑值，可能为真（值为1）或假（值为0）。

- 当参数 normalize = 1 时，表示要进行归一化处理，要用邻域像素值的和除以邻域面积。相当于均值滤波，作用与 cv2. blur()的作用一样。
- 当参数 normalize = 0 时，表示不需要进行归一化处理，直接使用邻域像素值的和，大于255 的使用255 表示。

normalize = 1 时，结果与均值滤波相同，这是由于当进行归一化处理时，其卷积核的值与均值处理时的计算方法相同，因此目标像素点的值相同。此时的卷积核为：

$$\text{Kernel} = \frac{1}{\text{M} \times \text{N}}\begin{bmatrix} 1 & 1 & 1 & \cdots & 1 \\ 1 & 1 & 1 & \cdots & 1 \\ \vdots & \vdots & \vdots & & \vdots \\ 1 & 1 & 1 & \cdots & 1 \\ 1 & 1 & 1 & \cdots & 1 \end{bmatrix}$$

normalize = 0 时，处理后的图片接近纯白色，部分点出有颜色。这是由于，目标像素点的值是卷积核范围内像素点像素值的和，在下面的例子中则是目标像素点 5 × 5 邻域的像素值之和，因此，处理后的像素点像素值基本都会超过当前像素值的最大值 255。部分点有颜色是因为这些点周围邻域的像素值均较小，邻域像素值在相加后仍然小于 255。此时的核为：

$$\text{Kernel} = \begin{bmatrix} 1 & 1 & 1 & \cdots & 1 \\ 1 & 1 & 1 & \cdots & 1 \\ \vdots & \vdots & \vdots & & \vdots \\ 1 & 1 & 1 & \cdots & 1 \\ 1 & 1 & 1 & \cdots & 1 \end{bmatrix}$$

应用实例：针对噪声图像，对其进行方框滤波，改变 normalize 值显示滤波结果

```
import cv2
import matplotlib.pyplot as plt

img = cv2.imread("../images/hehua2.jpg")
boxFiter = cv2.boxFilter(img, -1, (5, 5))
boxFiter2 = cv2.boxFilter(img, -1, (2, 2), normalize=False)

res = cv2.cvtColor(img, cv2.COLOR_BGR2RGB)
boxFiternew = cv2.cvtColor(boxFiter, cv2.COLOR_BGR2RGB)
boxFiternew2 = cv2.cvtColor(boxFiter2, cv2.COLOR_BGR2RGB)

plt.subplot(131), plt.imshow(res), plt.axis('off'), plt.title('in')
plt.subplot(132), plt.imshow(boxFiternew), plt.axis('off'), plt.title('out1')
plt.subplot(133),plt.imshow(boxFiternew2), plt.axis('off'), plt.title('out2')
plt.show()
```

输出结果，即对图像进行方框滤波改变 normalize 值的滤波效果如图 5－4 所示。

图5－4 对图像进行方框滤波改变 normalize 值的滤波效果

5.1.3 高斯滤波

高斯滤波也是利用邻域平均的思想对图像进行平滑处理的一种方法，在高斯滤波中，图像中不同位置的像素被赋予了不同的权重。

在进行均值滤波和方框滤波时，其邻域内每个像素的权重是相等的。在进行高斯滤波时，卷积核中心点的权重会加大，远离中心点的权重值减小，卷积核内的元素值呈现一种高斯分布。高斯滤波使用的是不同大小的卷积核，核的宽度和高度可以不相同，但是它们必须是奇数。每一种尺寸的卷积核也可以有多种权重比例。实际使用时，卷积核往往需要进行归一化处理，使用没有进行归一化处理的卷积核滤波，得到的结果往往是错误的。

高斯滤波让临近的像素具有更高的重要度，对周围像素计算加权平均值，较近的像素具有较大的权重值。卷积核为 3×3，中心位置权重最高为 0.4，经过高斯滤波后的中心像素变化过程如图 5－5 所示。

中心点像素值：$29\times0.05+108\times0.1+162\times0.05+32\times0.1+106\times0.4+7\times0.1+192\times0.05+226\times0.1+221\times0.05=109.9$。

21	138	129	120	127	130	218
230	8	82	73	240	14	219
192	193	29	108	162	149	169
94	138	32	106	7	71	168
209	159	192	226	221	150	160
102	201	39	67	189	157	109
255	40	71	250	41	72	179

×

0.05	0.1	0.05
0.1	0.4	0.1
0.05	0.1	0.05

=

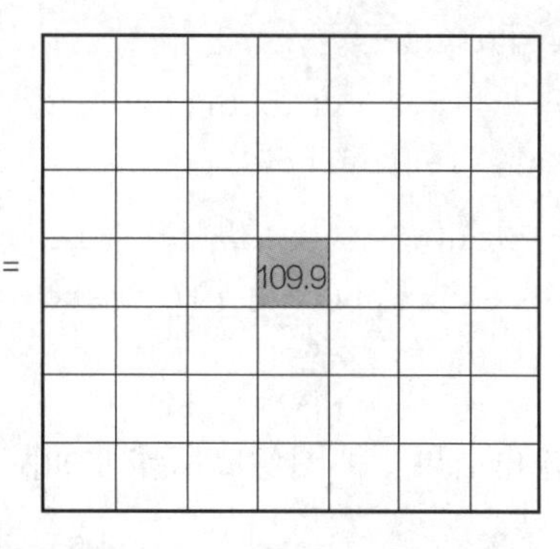

图 5-5　高斯滤波中心像素变化过程

在 OpenCV 中，实现高斯滤波的函数是 cv2. GaussianBlur( )，该函数的语法格式是：

```
dst = cv2.GaussianBlur(src,ksize,sigmaX,sigmaY,borderType)
```

参数说明如下：

src：输入图像，图像可以具有任意数量的通道，这些通道可以独立处理，但深度应为 CV_8U、CV_16U、CV_16S、CV_32F 或 CV_64F。

dst：输出图像，大小和类型与 src 相同。

ksize：高斯内核大小。ksize. width 和 ksize. height 可以不同，但它们都必须为正数和奇数，也可以为 0，然后根据 sigma 计算得出。

sigmaX：X 方向上的高斯核标准偏差。

sigmaY：Y 方向上的高斯核标准差。如果 sigmaY 为零，则将其设置为等于 sigmaX；如果 sigmaX 与 sigmaY 都为 0，则分别从 ksize. width 和 ksize. height 计算得出。为了完全控制结果，而不管将来可能对所有这些语义进行的修改，建议指定所有 ksize、sigmaX 和 sigmaY。

在此函数中，参数 sigmaY 和 borderType 是可选参数，sigmaX 是必选参数，但是可以将该参数设置为 0，让函数自己去算 sigmaX 的具体值。在实际处理时，指定 sigmaX 和 sigmaY 为默认值 0，可以避免函数修改所造成的语法错误。

borderType：像素外推法，与函数 cv2. blur( ) 的 borderType 相同。

高斯滤波后的图像噪声点消失，图像依旧存在失真，其效果与均值滤波相当。但是高斯滤波的特点在于卷积核的形式与均值滤波核方框滤波的不同。

应用实例：对噪声图像进行高斯滤波，显示滤波的结果

```
import cv2
import matplotlib.pyplot as plt
img = cv2.imread("../images/hehua2.jpg")
# 高斯滤波
GaussianBlur = cv2.GaussianBlur(img,(5,5),0,0)
```

```
#显示图像
res = cv2.cvtColor(img, cv2.COLOR_BGR2RGB)
GaussianBlurnew = cv2.cvtColor(GaussianBlur, cv2.COLOR_BGR2RGB)

plt.subplot(121),plt.imshow(res), plt.axis('off'), plt.title('in')
plt.subplot(122),plt.imshow(GaussianBlurnew), plt.axis('off'), plt.title('out')
plt.show()
```

输出结果，即图像高斯滤波如图 5-6 所示。

图 5-6　图像高斯滤波

5.1.4　中值滤波

中值滤波（Median filter）是一种典型的非线性滤波技术，基本思想是用像素点邻域灰度值的中值来代替该像素点的灰度值，该方法在去除脉冲噪声、椒盐噪声的同时又能保留图像边缘的细节。

中值滤波会取当前像素点及其周围临近像素点的像素值，将这些像素排序，然后将位于中间位置的像素值作为当前像素点的像素值。中值滤波的像素计算示意图如图 5-7 所示。

18	29	66	77	88
25	30	106	22	25
77	196	223	216	168
86	36	52	187	210
99	78	36	72	122

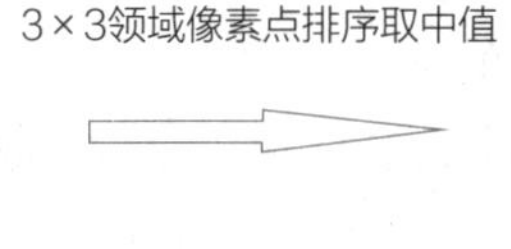

		106		

图 5-7　中值滤波的像素计算示意图

中值滤波在一定条件下可以克服常见线性滤波器如最小均方滤波、方框滤波器、均值滤波等带来的图像细节模糊，而且对滤除脉冲干扰及图像扫描噪声非常有效，也常用于保护边缘信息，保存边缘的特性使它在不希望出现边缘模糊的场合也很有用，是非常经典的平滑噪声处理方法。

中值滤波器与均值滤波器相比较，具有一定的优势：在均值滤波器中，由于噪声成分被放入平均计算中，所以输出受到了噪声的影响，但是在中值滤波器中，由于噪声成分很难被选上，所以几乎不会影响到输出。因此同样用 3×3 区域进行处理，中值滤波消除的噪声能力更胜一筹。中值滤波无论是在消除噪声还是保存边缘方面都是一个不错的方法。

中值滤波器与均值滤波器相比较，劣势为：中值滤波花费的时间是均值滤波的5倍以上。

在OpenCV中，实现中值滤波的函数是cv2.medianBlur()，其语法格式如下：

```
dst = cv2.medianBlur(src,ksize)
```

参数说明如下：

src：输入的图像，图像为1、3、4通道，当滤波模板尺寸为3或5时，图像深度只能为CV_8U、CV_16U、CV_32F中的一个，对于较大孔径尺寸的图片，图像深度只能是CV_8U。

ksize：滤波模板的尺寸大小，必须是大于1的奇数，如3、5、7等。

应用实例：对噪声图像进行中值滤波，显示滤波的结果

```
import cv2
import matplotlib.pyplot as plt

img = cv2.imread("../images/hehua3.jpg")
# 中值滤波
medianBlur = cv2.medianBlur(img,3)
# 显示图像
res = cv2.cvtColor(img, cv2.COLOR_BGR2RGB)

medianBlurnew = cv2.cvtColor(medianBlur, cv2.COLOR_BGR2RGB)

plt.subplot(121),plt.imshow(res), plt.axis('off'), plt.title('in')
plt.subplot(122),plt.imshow(medianBlurnew), plt.axis('off'), plt.title('out')
plt.show()
```

输出结果，即图像中值滤波如图5-8所示。

图5-8 图像中值滤波

5.1.5 双边滤波

双边滤波（Bilateral filter）是一种非线性的滤波方法，是结合图像的空间邻近度和像素值相似度的一种折中处理，同时考虑空域信息和灰度相似性，达到保边去噪的目的，具有简单、非迭代、局部的特点。双边滤波器的好处是可以做边缘保存，一般用高斯滤波降噪时，会较明显地模糊边缘，对于高频细节的保护效果并不明显。双边滤波器比高斯滤波多了一个高斯方差 sigma - d，它是基于空间分布的高斯滤波函数，所以在边缘附近，离得较远的像素不会太多影响到边缘上的像素值，这样就保证了边缘附近像素值的保存。但是由于保存了过多的高频信息，对于彩色图像里的高频噪声，双边滤波器不能够干净地滤掉，只能够对于低频信息进行较好的滤波。

在 OpenCV 中，实现双边滤波的函数是 cv2. bilateralFilter( )，该函数的表达式为：

```
dst = cv2.bilateralFilter(src,d,sigmaColor,sigmaSpace,borderType)
```

参数说明如下：

src：输入图像，图像必须是 8 位或者浮点型单通道、三通道图像。

d：过滤时周围每个像素领域的直径范围。如果这个值是非正数，则函数会从第五个参数 sigmaSpace 计算该值。

sigmaColor：彩色空间中过滤器的 sigma 值。参数越大，临近像素将会在越远的地方混合。

sigmaSpace：坐标空间过滤器的 sigma 值。参数越大，对那些颜色足够相近的颜色的影响越大。

borderType：用于推断图像外部像素的某种边界模式，边界外推方法，与函数 cv2. blur( ) 的 borderType 相同。

应用实例：对噪声图像进行双边滤波，显示滤波的结果

```
import cv2
import matplotlib.pyplot as plt
img = cv2.imread("../images/hehua3.jpg")
# 双边滤波
bilateralFilter = cv2.bilateralFilter(img,10,100,100)
# 显示图像
res = cv2.cvtColor(img, cv2.COLOR_BGR2RGB)
bilateralFilternew = cv2.cvtColor(bilateralFilter, cv2.COLOR_BGR2RGB)
plt.subplot(121),plt.imshow(res), plt.axis('off'), plt.title('in')
plt.subplot(122),plt.imshow(bilateralFilternew), plt.axis('off'), plt.title('out')
plt.show()
```

输出结果，即图像双边滤波如图 5 - 9 所示。

图5-9　图像双边滤波

应用实例：针对噪声图像，分别对其进行高斯滤波和双边滤波，比较不同滤波方式对边缘的处理结果

```
import cv2
import matplotlib.pyplot as plt
img = cv2.imread("../images/hehua3.jpg")
#高斯滤波和中值滤波
g = cv2.GaussianBlur(img, (55, 55), 0, 0)
b = cv2.bilateralFilter(img, 55, 100, 100)
#显示图像
res = cv2.cvtColor(img, cv2.COLOR_BGR2RGB)
out1 = cv2.cvtColor(g, cv2.COLOR_BGR2RGB)
out2 = cv2.cvtColor(b, cv2.COLOR_BGR2RGB)
plt.subplot(131), plt.imshow(res), plt.axis('off'), plt.title('in')
plt.subplot(132), plt.imshow(out1), plt.axis('off'), plt.title('out1')
plt.subplot(133), plt.imshow(out2), plt.axis('off'), plt.title('out2')
plt.show()
```

输出结果，即高斯滤波和双边滤波对边缘处理情况比较如图5-10所示。

图5-10　高斯滤波和双边滤波对边缘处理情况比较

5.1.6　2D卷积

在OpenCV中，允许用户自定义卷积核实现卷积操作。使用自定义卷积核实现卷积操作的函数是cv2. filter2D()，其语法格式为：

```
dst = cv2.filter2D(src,ddepth,kernel,anchor,delta,borderType)
```

参数说明如下：

src：待处理图像。

ddepth：目标图像深度，如果值为-1，则表示目标图像输出为与原图像深度相同。

kernel：自定义的卷积核，float32型浮点矩阵。

anchor：内核的锚点，表示内核中过滤点的相对位置；锚应位于内核中；默认值（-1，-1）表示锚位于内核中心。

delta：在将它们存储在 dst 中之前，将可选值添加到已过滤的像素中。类似于偏置。

borderType：像素外推法，与函数 cv2. blur( )的 borderType 相同。

应用实例：利用函数 cv2. filter2D( )自定义一个卷积核对图像进行滤波

```
import cv2
import numpy as np
import matplotlib.pyplot as plt

img = cv2.imread("../images/hehua3.jpg")
#2D 卷积滤波
kernel = np.ones((9,9),np.float32)/81
filter2D = cv2.filter2D(img, -1, kernel)
#显示图像
res = cv2.cvtColor(img,cv2.COLOR_BGR2RGB)
out1 = cv2.cvtColor(filter2D,cv2.COLOR_BGR2RGB)

plt.subplot(121),plt.imshow(res),plt.axis('off'),plt.title('in')
plt.subplot(122),plt.imshow(out1),plt.axis('off'),plt.title('out')

plt.show()
```

输出结果，即自定义 2D 卷积滤波如图 5 - 11 所示。

图 5 - 11　自定义 2D 卷积滤波

5.2 阈值处理

阈值处理是指剔除图像内像素值高于一定值或者低于一定值的像素点。例如，设定阈值为 127，然后将图像内所有像素值大于 127 的像素点的值设为 255。将图像内所有像素值小于或等于 127 的像素点的值设为 0。阈值处理类似于分段函数处理，设定一个阈值，若图像中的像素点灰度值大于阈值，对其做一定处理；对低于阈值的像素点做另一类处理。例如，对于一幅灰度图，设定阈值为 125，大于 125 的像素点灰度值设为 255，小于 255 的像素点设为 0，这样就可以得到一副二值图像。

图像阈值化分割是一种传统的图像分割方法，因其实现简单、计算量小、性能较稳定而成为图像分割中最基本和应用最广泛的分割技术。它特别适用于目标和背景占据不同灰度级范围的图像。它不仅可以极大地压缩数据量，而且也大大简化了分析和处理步骤，因此在很多情况下，它是进行图像分析、特征提取与模式识别之前的必要的图像预处理过程。图像阈值化的目的是要按照灰度级，对像素集合进行一个划分，使得到的每个子集形成一个与现实景物相对应的区域，各个区域内部具有一致的属性，而相邻区域不具有这种一致属性。这样的划分可以通过从灰度级出发选取一个或多个阈值来实现。

图像阈值处理是实现图像分割的一种方法，常用的阈值分割方法有简单阈值、自适应阈值、Otsu 二值化等。

5.2.1　简单阈值

一幅图像包括目标物体、背景还有噪声，要想从多值的数字图像中直接提取出目标物体，常用的方法就是设定一个阈值 T，用 T 将图像的数据分成两部分：大于 T 的像素群和小于 T 的像素群。这是研究灰度变换的最特殊的方法，称为图像的二值化（Binarization）。

选取一个全局阈值，然后把整幅图像分成非黑即白的二值图像。图像的二值化就是将图像上的像素点的灰度值设置为 0 或 255，也就是将整个图像呈现出只有黑和白的视觉效果。

在 OpenCV 中图像的二值化分割采用的是 cv2.threshold( ) 函数，其格式如下：

```
ret,dst = cv2.threshold (src, thresh, maxval, type, dst = None)
```

参数说明如下：

src：输入图，要进行阈值分割的图像，只能输入单通道图像，通常来说为灰度图。

dst：输出图，阈值分割后的图像，与原图像具有相同大小和类型。

thresh：要设定的阈值。

maxval：当 type 参数为 cv2. THRESH_BINARY 或 cv2. THRESH_BINARY_INV 类型时，需要设定的最大值。

type：二值化操作的类型，其中 type 的类型如下：

- cv2. THRESH_BINARY 表示阈值的二值化操作，大于阈值使用 maxval 表示，小于阈值使用 0 表示。
- cv2. THRESH_BINARY_INV 表示阈值的二值化翻转操作，大于阈值的使用 0 表示，小于阈值的使用 maxval 表示。
- cv2. THRESH_TRUNC 表示进行截断操作，大于阈值的使用阈值表示，小于阈值的不变。
- cv2. THRESH_TOZERO 表示进行化零操作，大于阈值的不变，小于阈值的使用 0 表示。
- cv2. THRESH_TOZERO_INV 表示进行化零操作的翻转，大于阈值的使用 0 表示，小于阈值的不变。

应用实例：对图像进行二值化阈值处理

```
import cv2
import matplotlib.pyplot as plt

img = cv2.imread("../images/hehua3.jpg")
# 对图像进行二值化阈值处理
thresh, result = cv2.threshold(img, 127, 255, cv2.THRESH_BINARY)
# 显示图像
res = cv2.cvtColor(img, cv2.COLOR_BGR2RGB)
out = cv2.cvtColor(result, cv2.COLOR_BGR2RGB)

plt.subplot(121), plt.imshow(res), plt.axis('off'), plt.title('in')
plt.subplot(122), plt.imshow(out), plt.axis('off'), plt.title('out')
plt.show()
```

输出结果，即对图像进行二值化阈值处理如图 5 - 12 所示。

图 5 - 12　对图像进行二值化阈值处理

应用实例：对图像进行反二值化阈值处理

```
import cv2
import matplotlib.pyplot as plt

img = cv2.imread("../images/hehua3.jpg")
# 对图像进行反二值化阈值处理
thresh, result = cv2.threshold(img, 210, 255, cv2.THRESH_BINARY_INV)
# 显示图像
res = cv2.cvtColor(img, cv2.COLOR_BGR2RGB)
out = cv2.cvtColor(result, cv2.COLOR_BGR2RGB)
plt.subplot(121), plt.imshow(res), plt.axis('off'), plt.title('in')
plt.subplot(122), plt.imshow(out), plt.axis('off'), plt.title('out')
plt.show()
```

输出结果，即对图像进行反二值化阈值处理如图5-13所示。

图5-13　对图像进行反二值化阈值处理

应用实例：对图像进行截断阈值化处理

```
import cv2
import matplotlib.pyplot as plt

img = cv2.imread("../images/hehua3.jpg")
#对图像进行截断阈值化处理
thresh, result = cv2.threshold(img, 220, 255, cv2.THRESH_TRUNC)
res = cv2.cvtColor(img, cv2.COLOR_BGR2RGB)
out = cv2.cvtColor(result, cv2.COLOR_BGR2RGB)

plt.subplot(121), plt.imshow(res), plt.axis('off'), plt.title('in')
plt.subplot(122), plt.imshow(out), plt.axis('off'), plt.title('out')
plt.show()
```

输出结果，即对图像进行截断阈值化处理如图5-14所示。

图5-14　对图像进行截断阈值化处理

应用实例：对图像进行超阈值零处理

```
import cv2
import matplotlib.pyplot as plt
```

```
img = cv2.imread("../images/hehua3.jpg")
# 对图像进行超阈值零处理
thresh, result = cv2.threshold(img, 230, 255, cv2.THRESH_TOZERO_INV)
# 显示图像
res = cv2.cvtColor(img, cv2.COLOR_BGR2RGB)
out = cv2.cvtColor(result, cv2.COLOR_BGR2RGB)
plt.subplot(121), plt.imshow(res), plt.axis('off'), plt.title('in')
plt.subplot(122), plt.imshow(out), plt.axis('off'), plt.title('out')
plt.show()
```

输出结果，即对图像进行超阈值零处理如图 5-15 所示。

图 5-15　对图像进行超阈值零处理

应用实例：对图像进行低阈值零处理

```
import cv2
import matplotlib.pyplot as plt

img = cv2.imread("../images/hehua3.jpg")
# 对图像进行低阈值零处理
thresh, result = cv2.threshold(img, 127, 255, cv2.THRESH_TOZERO)

res = cv2.cvtColor(img, cv2.COLOR_BGR2RGB)
out = cv2.cvtColor(result, cv2.COLOR_BGR2RGB)

plt.subplot(121), plt.imshow(res), plt.axis('off'), plt.title('in')
plt.subplot(122), plt.imshow(out), plt.axis('off'), plt.title('out')
plt.show()
```

输出结果，即对图像进行低阈值零处理如图 5-16 所示。

图 5-16　对图像进行低阈值零处理

应用实例：二值化比较

```
import cv2
from matplotlib import pyplot as plt

img = cv2.imread('../images/hehua3.jpg')

# 二值化处理比较
thresh, res1 = cv2.threshold(img, 200, 255, cv2.THRESH_BINARY)
thresh, res2 = cv2.threshold(img, 200, 255, cv2.THRESH_BINARY_INV)
thresh, res3 = cv2.threshold(img, 200, 255, cv2.THRESH_TRUNC)
thresh, res4 = cv2.threshold(img, 200, 255, cv2.THRESH_TOZERO)
thresh, res5 = cv2.threshold(img, 200, 255, cv2.THRESH_TOZERO_INV)

# 显示结果
result = cv2.cvtColor(img, cv2.COLOR_BGR2RGB)
result1 = cv2.cvtColor(res1, cv2.COLOR_BGR2RGB)
result2 = cv2.cvtColor(res2, cv2.COLOR_BGR2RGB)
result3 = cv2.cvtColor(res3, cv2.COLOR_BGR2RGB)
result4 = cv2.cvtColor(res4, cv2.COLOR_BGR2RGB)
result5 = cv2.cvtColor(res5, cv2.COLOR_BGR2RGB)

titles = ['Original Image','BINARY','BINARY_INV','TRUNC','TOZERO','TOZERO_INV']
images = [result, result1, result2, result3, result4, result5]
for i in range(6):
    plt.subplot(2, 3, i + 1), plt.imshow(images[i],'gray')
    plt.title(titles[i])
    plt.xticks([]), plt.yticks([])
plt.show()
```

输出结果，即二值化处理比较如图 5-17 所示。

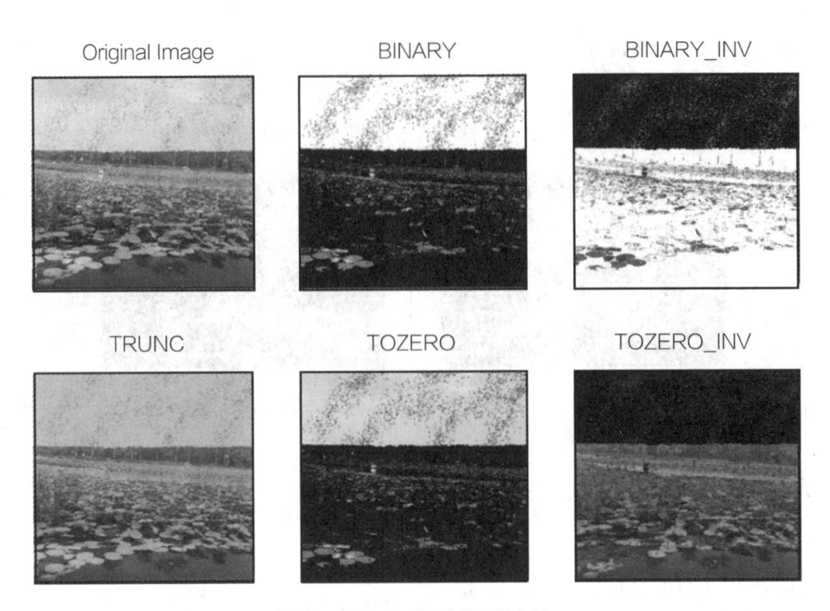

图 5-17 二值化处理比较

5.2.2 自适应阈值

如果使用全局阈值即在整幅图像中采用同一个数作为阈值，这种方法并不适用所有情况，尤其是当同一幅图像上的不同部分具有不同亮度时，这种情况下需要采用自适应阈值，此时的阈值是根据图像上的每一个小区域自动计算与其对应的阈值。因此，在同一副图像上的不同区域，采用的是不同的阈值，从而能在亮度不同的情况下得到更好的结果。在 OpenCV 中，cv2. adaptiveThreshold( ) 函数可以实现自适应阈值处理，其格式为：

```
dst = cv2.adaptiveThreshold(src, maxValue, adaptiveMethod, thresholdType, blockSize, C[, dst])
```

参数说明如下：

src：灰度化的图片。

maxValue：满足条件的像素点需要设置的灰度值。

adaptiveMethod：自适应方法，有两种：ADAPTIVE_THRESH_MEAN_C 或 ADAPTIVE_THRESH_GAUSSIAN_C。

thresholdType：二值化方法，可以设置为 THRESH_BINARY 或者 THRESH_BINARY_INV。

blockSize：分割计算的区域大小，取奇数。

C：常数，在每个区域计算出的阈值的基础上，再减去这个常数，作为这个区域的最终阈值。可以为负数。

dst：输出图像，可选。

应用实例：使用二值化阈值函数和自适应阈值函数对图像进行处理，并比较处理结果

```
import cv2
import matplotlib.pyplot as plt

img = cv2.imread("../images/hehua3.jpg")
img = cv2.cvtColor(img, cv2.COLOR_BGR2GRAY)

thresh, thrd = cv2.threshold(img, 127, 255, cv2.THRESH_BINARY)
adtpm = cv2.adaptiveThreshold(img, 255, cv2.ADAPTIVE_THRESH_MEAN_C, cv2.
THRESH_BINARY, 5, 3)
adpg = cv2.adaptiveThreshold(img, 255, cv2.ADAPTIVE_THRESH_GAUSSIAN_C, cv2.
THRESH_BINARY, 5, 3)

img = cv2.cvtColor(img, cv2.COLOR_BGR2RGB)
thrd = cv2.cvtColor(thrd, cv2.COLOR_BGR2RGB)
adtpm = cv2.cvtColor(adtpm, cv2.COLOR_BGR2RGB)
adpg = cv2.cvtColor(adpg, cv2.COLOR_BGR2RGB)
plt.subplot(221), plt.imshow(img), plt.axis('off'), plt.title('in')
plt.subplot(222), plt.imshow(thrd), plt.axis('off'), plt.title('out1')
plt.subplot(223), plt.imshow(adtpm), plt.axis('off'), plt.title('out2')
plt.subplot(224), plt.imshow(adpg), plt.axis('off'), plt.title('out3')
plt.show()
```

输出结果，二值化阈值和自适应阈值比较如图5-18所示。

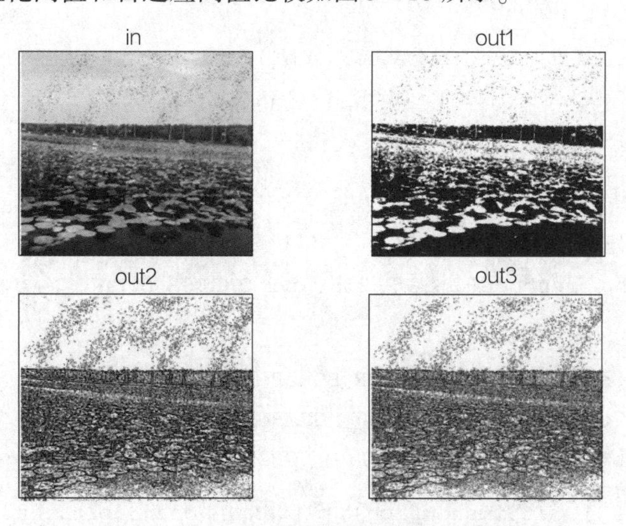

图5-18 二值化阈值和自适应阈值比较

5.2.3 Otsu 阈值

使用cv2.threshold()进行阈值处理时，需要定义一个阈值，并将此阈值作为图像阈值处理的依据。通常情况下处理的图像都是色彩均衡的，这时直接将阈值设为127是比较合适的。但是，有时图像灰度级的分布是不均衡的，如果此时还将阈值设置为127，那么阈值处理的结果就是失败的。

Otsu 方法能根据当前最佳的类间分割阈值。简单地说，Otsu 方法会遍历所有可能阈值，从而找到最佳的阈值。

在 OpenCV 中，通过函数 cv2.threshold()对参数的类型传递一个 C 参数“cv2.THRESH_OTSU”，即可实现 Otsu 方式的阈值分割。

需要说明的是，在使用 Otsu 方法时，需要把阈值设为 0，此时的函数 cv2.threshold()会自动寻找最优阈值，并将该阈值返回。

```
t,otsu = cv2.threshold(img,0,255,cv2.THRESH_BINARY + cv2.THRESH_OTSU)
```

与普通阈值分割的不同之处在于：

- 参数 type 增加了一个参数“cv2.THRESH_OTSU”。
- 设定的阈值为 0。
- 返回值 t 是 Otsu 方法计算得到并使用的最优阈值。

需要注意的是，如果采用普通的阈值分割，返回的阈值就是设定的阈值。例如，下面的语句设定阈值为 127，最终返回的是 t = 127。

```
t = cv2.threshold(img,127,255,cv2.THRESH_BINARY)
```

应用实例：利用二值化阈值和 Otsu 阈值函数处理图像，比较处理结果

```
import cv2
import matplotlib.pyplot as plt

img = cv2.imread("../images/hehua3.jpg")
img = cv2.cvtColor(img, cv2.COLOR_BGR2GRAY)
#二值化阈值处理
t1, thd = cv2.threshold(img, 127, 255, cv2.THRESH_BINARY)
#Otsu 阈值函数处理
t2, otsu = cv2.threshold(img, 0, 255, cv2.THRESH_BINARY + cv2.THRESH_OTSU)
#显示图像
img = cv2.cvtColor(img, cv2.COLOR_BGR2RGB)
thd = cv2.cvtColor(thd, cv2.COLOR_BGR2RGB)
otsu = cv2.cvtColor(otsu, cv2.COLOR_BGR2RGB)

plt.subplot(131), plt.imshow(img), plt.axis('off'), plt.title('in')
plt.subplot(132), plt.imshow(thd), plt.axis('off'), plt.title('out1')
plt.subplot(133), plt.imshow(otsu), plt.axis('off'), plt.title('out2')
plt.show()
```

输出结果，即二值化阈值和 Otsu 阈值比较如图 5-19 所示。

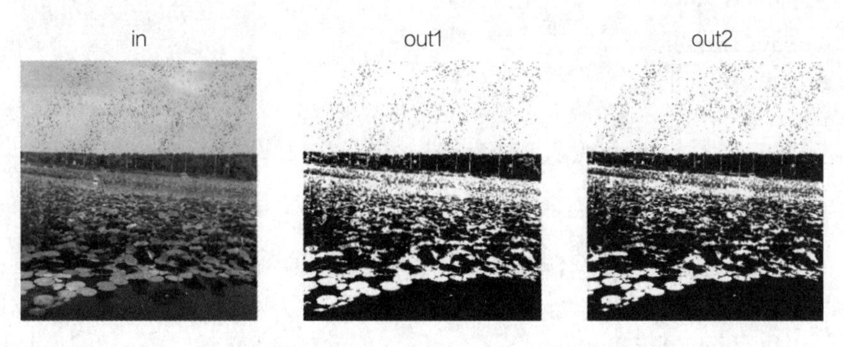

图 5-19　二值化阈值和 Otsu 阈值比较

案　例

案例 1：使用高斯滤波进行图像平滑处理

一种简单的方式是取图像周围所有像素，然后求平均值。虽然此方法能够得到一个模糊处理后的图像，但它并没有给出最好的结果。高斯模糊基于高斯曲线，高斯曲线通常被描述为钟形曲线，在靠近中心处给出高值，随着距离逐渐磨损。高斯曲线可以用不同的数学形式表示，但通常具有的形状如图 5-20 所示。

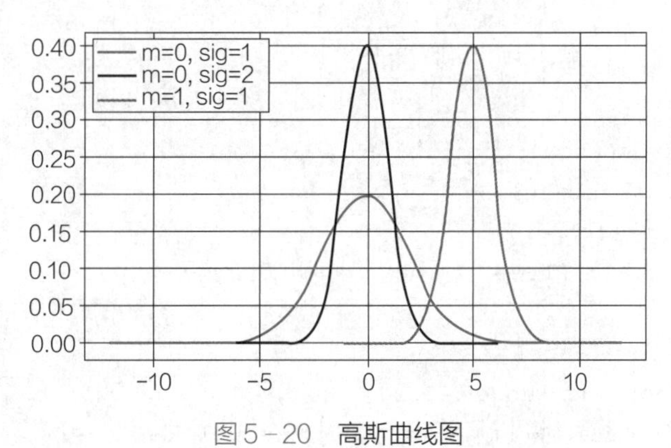

图 5-20　高斯曲线图

由于高斯曲线靠近其中心的面积较大，因此使用其值作为权重来模糊图像会得到更自然的结果，因为附近的样本具有更高的优先性。

为了实现高斯模糊滤波器，需要一个二维权重框，可以从二维高斯曲线方程得到。然而，这种方法的问题在于它的性能会变差。以 32×32 的模糊内核为例，这将需要对每个片段的纹理进行总共 1024 次的采样。

使用高斯滤波进行图像平滑处理的代码如下：

```
import cv2
import math
import numpy as np
import matplotlib.pyplot as plt
```

```
def rgb2gray(img):
    h = img.shape[0]
    w = img.shape[1]
    img1 = np.zeros((h,w),np.uint8)
    for i in range(h):
        for j in range(w):
            img1[i,j] = 0.144 * img[i,j,0] + 0.587 * img[i,j,1] + 0.299 * img[i,j,1]
    return img1

def gausskernel(size):
    sigma = 1.0
    gausskernel = np.zeros((size,size),np.float32)
    for i in range (size):
        for j in range (size):
            norm = math.pow(i -1,2) + pow(j -1,2)
            gausskernel[i,j] = math.exp( -norm/(2 * math.pow(sigma,2)))
    sum = np.sum(gausskernel)
    kernel = gausskernel/sum
    return kernel

def gauss(img):
    h = img.shape[0]
    w = img.shape[1]
    img1 = np.zeros((h,w),np.uint8)
    kernel = gausskernel(3)
    for i in range (1,h -1):
        for j in range (1,w -1):
            sum = 0
            for k in range( -1,2):
                for l in range( -1,2):
                    sum += img[i + k,j + l] * kernel[k +1,l +1]
            img1[i,j] = sum
    return img1

image = cv2.imread("../images/hehua3.jpg")
grayimg = rgb2gray(image)
gaussimg = gauss(grayimg)
# 显示图像
img = cv2.cvtColor(image, cv2.COLOR_BGR2RGB)
thd = cv2.cvtColor(grayimg, cv2.COLOR_BGR2RGB)
otsu = cv2.cvtColor(gaussimg, cv2.COLOR_BGR2RGB)

plt.subplot(131),plt.imshow(img), plt.axis('off'), plt.title('image')
plt.subplot(132),plt.imshow(thd), plt.axis('off'), plt.title('grayimg')
plt.subplot(133),plt.imshow(otsu), plt.axis('off'), plt.title('gaussimg')
plt.show()
```

输出结果，即使用高斯滤波进行图像平滑处理的结果如图 5－21 所示。

图 5－21　使用高斯滤波进行图像平滑处理的结果

案例 2：使用直方图双峰法进行图像阈值处理

1996 年，Prewitt 提出了直方图双峰法，即如果灰度级直方图呈明显的双峰状，则选取两峰之间的谷底所对应的灰度级作为阈值。

直方图双峰法（2－Mode method）如图 5－22 所示，即如果图像灰度直方图呈明显的双峰状，则选取双峰间的最低谷处作为图像分割的阈值，图中以 Zt 为阈值进行二值化分割，可以将目标和背景分割开。

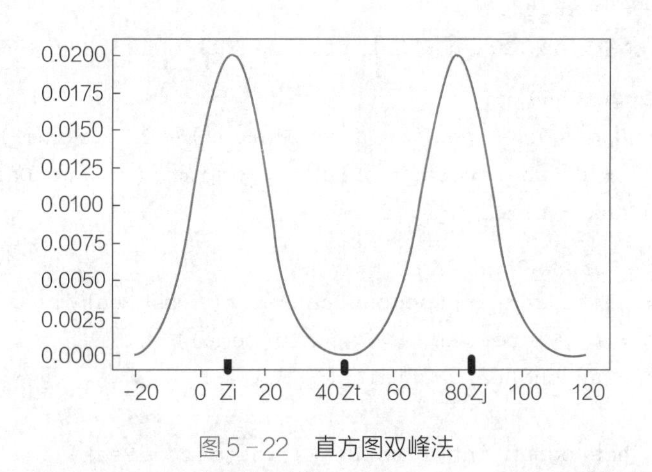

图 5－22　直方图双峰法

但当图像的直方图出现波峰间的波谷平坦、各区域直方图的波形重叠等情况时，用双峰法就很难找到合适的阈值，也就是说该方法不适合直方图中双峰差别很大或双峰间的谷比较宽广而平坦的图像，以及单峰直方图的情况。

应用灰度直方图双峰法来分割图像，也需要一定的图像先验知识，因为同一个直方图可以对应若干个不同的图像，直方图只表明图像中各个灰度级上有多少个像素，并不描述这些像素的任何位置信息。

使用直方图双峰法进行图像阈值处理的代码如下：

```
import cv2
import numpy as np
import matplotlib.pyplot as plt

def calcGrayHist(grayimage):
    rows, clos = grayimage.shape
    print(grayimage.shape)
    grayHist = np.zeros([256], np.uint64)
    for r in range(rows):
        for c in range(clos):
            grayHist[grayimage[r][c]] + = 1
    return grayHist

def threshTwoPeaks(image):
    if len(image.shape) = = 2:
        gray = image
    else:
        gray = cv2.cvtColor(image, cv2.COLOR_BGR2GRAY)

    histogram = calcGrayHist(gray)
    maxLoc = np.where(histogram = = np.max(histogram))
    firstPeak = maxLoc[0][0]
    measureDists = np.zeros([256], np.float32)

    for k in range(256):
        measureDists[k] = pow(k - firstPeak, 2) * histogram[k]
        maxLoc2 = np.where(measureDists = = np.max(measureDists))
        secondPeak = maxLoc2[0][0]

    if firstPeak > secondPeak:
        temp = histogram[int(secondPeak):int(firstPeak)]
        minloc = np.where(temp = = np.min(temp))
        thresh = secondPeak + minloc[0][0] + 1
    else:
        temp = histogram[int(firstPeak):int(secondPeak)]
        minloc = np.where(temp = = np.min(temp))
        thresh = secondPeak + minloc[0][0] + 1
        threshImage_out = gray.copy()
        threshImage_out[threshImage_out > thresh] = 255
        threshImage_out[threshImage_out > thresh] = 0

    return thresh, threshImage_out

img = cv2.imread('../images/hehua2.jpg')
thresh, threshImage_out = threshTwoPeaks(img)

#显示图像
img = cv2.cvtColor(img, cv2.COLOR_BGR2RGB)
```

```
    threshImage_out = cv2.cvtColor(threshImage_out, cv2.COLOR_BGR2RGB)
    plt.subplot(121), plt.imshow(img), plt.axis('off'), plt.title('image')
    plt.subplot(122), plt.imshow(threshImage_out), plt.axis('off'), plt.title
('grayimg')
    plt.show()
```

输出结果，即使用直方图双峰法进行图像阈值处理的结果如图5-23所示。

图5-23　使用直方图双峰法进行图像阈值处理的结果

习　题

1. 使用函数cv2.threshold()对图像进行二值化阈值处理，比较原图像和处理结果的变化。

2. 使用函数cv2.threshold()对图像进行反二值化阈值处理，比较原图像和处理结果的变化。

3. 使用函数cv2.threshold()对图像进行截断阈值化处理，比较原图像和处理结果的变化。

4. 使用函数cv2.threshold()对图像进行超阈值零处理，比较原图像和处理结果的变化。

5. 使用函数cv2.threshold()对图像进行低阈值零处理，比较原图像和处理结果的变化。

6. 对图像进行自适应阈值处理，比较原图像和处理结果的变化。

7. 对一幅有噪声的图像分别进行均值滤波、中值滤波、高斯滤波，比较滤波结果。

8. 对一幅有噪声的图像通过cv2.filter2D()应用卷积核对图像进行滤波，比较图像滤波前后的变化情况。

第 6 章 边缘和轮廓

本章主要介绍边缘检测的原理及相关的检测算子、利用 OpenCV 实现图形轮廓查找与绘制等方法。通过边缘检测技术能够检测出图像中的物体的边缘，但是得到的边缘并不都是连续的。按照一定的算法将边缘连接成一个整体，就形成了物体的轮廓，找出的轮廓可进一步用于分析物体形态。

扫码看视频

6.1 边缘检测

边缘检测需要用到图像梯度计算，计算出图像变化的速度。一般物体的边缘部分，灰度值变化会比较大，梯度值也会相应较大。严格来讲，图像梯度计算需要求导数，但实际上，图像梯度算法如 Sobel 算子，是通过计算像素值的差值，进而得到近似的梯度值（近似导数值）的。本节将学习利用 OpenCV 中的 cv2. Sobel( ) 、cv2. Laplacian( ) 及 cv2. Canny( ) 等函数，用它们来进行物体的边缘检测。

6.1.1 Sobel 算子

Sobel 算子是一种离散型的差分算子，用来计算图像灰度函数的梯度的近似值。Sobel 算子是典型的基于一阶导数的边缘检测算子，由于该算子中引入了类似局部平均的运算，因此对噪声具有平滑的作用，能够很好地消除噪声的影响。

（1）Sobel 算子原理　Sobel 算子模板如图 6 - 1 所示。

-1	0	1
-2	0	2
-1	0	1

-1	-2	-1
0	0	0
1	2	1

图 6 - 1　Sobel 算子模板示例

图中 3 × 3 的矩阵称为核，针对原始图像内的像素点，采用核进行处理，分别为横向和纵向的模板，将之与图像进行平面的卷积，即可分别得出横向和纵向的灰度差分近似值。

（2）Sobel 算子的计算过程　假定有原始图像 Img，下面对 Sobel 算子的计算过程进行讨论。

计算水平方向偏导数的近似值时，可以将 Sobel 算子与原始图像 Img 进行卷积操作，得到水平方向上的像素值变化情况。水平方向偏导数计算公式如下：

$$\boldsymbol{G}_x = \begin{bmatrix} -1 & 0 & 1 \\ 2 & 0 & 2 \\ -1 & 0 & 1 \end{bmatrix} \times \mathrm{Img}$$

同样计算垂直方向偏导数的近似值时，也要将 Sobel 算子与原始图像 Img 进行卷积操作，得到垂直方向上的像素值变化情况。垂直方向偏导数计算公式如下：

$$\boldsymbol{G}_y = \begin{bmatrix} -1 & 2 & -1 \\ 0 & 0 & 0 \\ 1 & 2 & 1 \end{bmatrix} \times \mathrm{Img}$$

（3）OpenCV 实现 Sobel 算子函数　在 OpenCV 中提供了 cv2. Sobel( ) 函数来实现 Sobel 算子的运算，其一般形式如下：

```
dst = cv2.Sobel(src, ddepth, dx, dy, dst = None, ksize = None, scale = None, delta = None, borderType = None)
```

参数说明如下：

src：输入图像，需要边缘检测的原始图像。

ddepth：处理结果图像的图像深度，一般使用 1 表示与原始图像使用相同的图像深度。

dx：表示 x 轴方向求导阶数。

dy：表示 y 轴方向求导阶数。

ksize：默认值为 3，表示 Sobel 核的大小，可选值是 1、3、5 或 7。

scale：计算导数值时可选的缩放因子，默认值是 1，表示默认情况下是没有应用缩放的。

delta：表示在结果存入目标图（第二个参数 dst）之前可选的 delta 值，默认值为 0。

borderType：边界模式，默认值为 BORDER_DEFAULT。

函数返回值：输出目标图像，即边缘检测结果，输出图像的大小和通道数与 src 相同。

应用实例：Sobel 算子边缘检测（1）

```
import cv2 as cv
# 采用灰度图的方式读取源图片文件
image = cv.imread('../images/image.png', cv.IMREAD_GRAYSCALE)
# 参数 dx =1 、dy =0 ,获取图像水平方向上的边缘检测信息
Sobelx = cv.Sobel(image, cv.CV_64F, 1, 0)
# 缩放、计算绝对值并将结果转换为 8 位
Sobelx = cv.convertScaleAbs(Sobelx)
# 参数 dx =0 、dy =1 ,获取图像垂直方向上的边缘检测信息
Sobely = cv.Sobel(image, cv.CV_64F, 0, 1)
Sobely = cv.convertScaleAbs(Sobely)
# 计算两个方向数据数组的加权和
Sobelxy = cv.addWeighted(Sobelx, 0.5, Sobely, 0.5, 0)
```

```
# 参数 dx =1、dy =1,获取图像水平和垂直方向上的边缘检测信息
Sobelxy11 = cv.Sobel(image, cv.CV_64F, 1, 1)
Sobelxy11 = cv.convertScaleAbs(Sobelxy11)
# 输出图像信息
cv.imshow("image", image)
cv.imshow("Sobelxy", Sobelxy)
cv.imshow("Sobelxy11", Sobelxy11)
cv.waitKey()
cv.destroyAllWindows()
```

输出结果，即 Sobel 算子边缘检测结果如图 6-2 所示。可以看出单独计算垂直和水平方向上的边缘检测信息，并计算其加权和所得到的结果，与直接同时获取水平和垂直方向上的边缘检测信息结果的区别。

图6-2 Sobel 算子边缘检测结果（1）

应用实例：Sobel 算子边缘检测（2）

```
import cv2 as cv
# 读取源图片文件
image = cv.imread('../images/img.png')
# 参数 dx =1、dy =0,获取图像水平方向上的边缘检测信息
Sobelx = cv.Sobel(image, cv.CV_64F, 1, 0)
# 缩放、计算绝对值并将结果转换为 8 位
Sobelx = cv.convertScaleAbs(Sobelx)
# 参数 dx =0、dy =1,获取图像垂直方向上的边缘检测信息
Sobely = cv.Sobel(image, cv.CV_64F, 0, 1)
Sobely = cv.convertScaleAbs(Sobely)
Sobelxy = cv.Sobel(image, cv.CV_64F, 1, 1)
Sobelxy = cv.convertScaleAbs(Sobelxy)
# 计算两个方向数据数组的加权和
Sobelxy11 = cv.addWeighted(Sobelx, 0.5, Sobely, 0.3, 0)
# 输出图像信息
cv.imshow("image", image)
```

```
cv.imshow("Sobelx", Sobelx)
cv.imshow("Sobely", Sobely)
cv.imshow("Sobelxy", Sobelxy)
cv.imshow("Sobelxy11", Sobelxy11)
cv.waitKey()
cv.destroyAllWindows()
```

输出结果，即Sobel算子边缘检测结果如图6-3所示，可以看出单独计算并求加权和的方法丢失的信息更多。

图6-3 Sobel算子边缘检测结果（2）

6.1.2 Laplacian算子

（1）Laplacian算子原理 Laplacian算子是n维欧几里得空间中的一个二阶微分算子，定义为梯度grad的散度div。Sobel边缘检测算子具有方向性，因此需要分别求取X方向的边缘和Y方向的边缘，之后将两个方向的边缘综合，得到图像的整体边缘。Laplacian算子具有各方向同性的特点，能够对任意方向的边缘进行提取，具有无方向性的优点，因此使用Laplacian算子提取边缘不需要分别检测X方向的边缘和Y方向的边缘，只需要一次边缘检测即可。Laplacian算子是一种二阶导数算子，对噪声比较敏感，因此常需要配合高斯滤波一起使用。

Laplacian算子的定义如式所示：

$$\text{Laplacian}(f)=\frac{\partial^2 f}{\partial x^2}+\frac{\partial^2 f}{\partial y^2}$$

（2）OpenCV实现Laplacian算子函数 在OpenCV中提供了cv2.Laplacian()函数来实现Laplacian算子的运算，其一般形式如下：

```
dst = cv2. Laplacian(src, ddepth, dst = None, ksize = None, scale = None, delta =
None, borderType = None)
```

参数说明如下：

src：输入图像，需要边缘检测的原始图像。

dst：输出图像，与输入图像 src 具有相同的尺寸和通道数。

ddepth：处理结果图像的图像深度，一般使用 1 表示与原始图像使用相同的图像深度。

ksize：默认值为 3，表示 Sobel 核的大小；可选值是 1、3、5 或 7。

scale：计算导数值时可选的缩放因子，默认值是 1，表示默认情况下是没有应用缩放的。

delta：表示在结果存入目标图（第二个参数 dst）之前可选的 delta 值，默认值为 0。

borderType：边界模式，默认值为 BORDER_DEFAULT。

函数返回值：输出目标图像，即边缘检测结果，输出图像的大小和通道数与 src 相同。

该函数利用 Laplacian 算子提取图像中的边缘信息，与 cv2. Soble( ) 函数相同，src 为输入图像的数据类型。dst 为输出图像的数据类型，这里需要注意由于提取边缘信息时有可能会出现负数，因此不要使用 CV_8U 数据类型的输出图像，否则会使得图像边缘提取不准确。ksize 是滤波器尺寸，必须是正奇数，当该参数的值大于 1 时，该函数通过 Sobel 算子计算出图像 X 方向和 Y 方向的二阶导数，将两个方向的导数求和得到 Laplacian 算子，其计算公式：

$$\mathrm{dst} = \Delta \mathrm{src} = \frac{\partial^2 \mathrm{src}}{\partial x^2} + \frac{\partial^2 \mathrm{src}}{\partial y^2}$$

当 ksize 等于 1 时，Laplacian 算子如式所示：

$$\begin{bmatrix} 0 & 1 & 0 \\ 1 & -4 & 1 \\ 0 & 1 & 0 \end{bmatrix}$$

scale 和 border Type 为图像缩放因子和图像外推填充方法的标志，多数情况下并不需要设置，只需要采用默认参数即可。

为了更好地理解 cv2. Laplacian( ) 函数的使用方法，在应用实例给出了利用 cv2. Laplacian( ) 函数检测图像边缘的示例程序。由于 Laplacian 算子对图像中的噪声较为敏感，因此程序中使用 Laplacian 算子分别对高斯滤波后的图像和未高斯滤波的图像进行边缘检测，检测结果在图中给出。

应用实例：Laplacian 算子使用

```
import cv2 as cv
#采用灰度图的方式读取源图片文件
image = cv.imread('../images/img_1.png', cv.IMREAD_GRAYSCALE)
#高斯过滤
result_g = cv.GaussianBlur(image, (3, 3), 5, 0)
#调用 Laplacian 方法
Laplacian = cv.Laplacian(image, cv.CV_64F)
#缩放、计算绝对值并将结果转换为 8 位
Laplacian = cv.convertScaleAbs(Laplacian)
```

```
#调用 Laplacian 方法
gaussLap = cv.Laplacian(result_g, cv.CV_64F)
#缩放、计算绝对值并将结果转换为 8 位
gaussLap = cv.convertScaleAbs(gaussLap)

#输出图像信息
cv.imshow("image", image)
cv.imshow("Laplacian", Laplacian)
cv.imshow("gaussLap", gaussLap)
cv.waitKey(0)
cv.destroyAllWindows()
```

输出结果，即 Laplacian 算子边缘检测结果如图 6-4 所示。通过结果可以发现，图像去除噪声后通过 Laplacian 算子提取边缘变得更加准确。

图 6-4 Laplacian 算子边缘检测结果

6.1.3 Canny 边缘检测

（1）Canny 边缘检测原理　Canny 边缘检测于 1986 年由 John Canny 首次在论文《A Computational Approach to Edge Detection》中提出来。Canny 边缘检测是一种使用多级边缘检测算法检测边缘的方法，目前已广泛应用于各种计算机视觉系统。Canny 发现，在不同视觉系统上对边缘检测的要求较为类似，因此，可以实现一种具有广泛应用意义的边缘检测技术。Canny 的目标是找到一个最优的边缘检测算法，下面是最优边缘检测的三个主要评价标准：

1）低错误率：以低的错误率检测边缘，即意味着需要尽可能准确地捕获图像中尽可能多的边缘。

2）高定位性：检测到的边缘应精确定位在真实边缘的中心。

3）最小响应：图像中给定的边缘应只被标记一次，并且在可能的情况下，图像的噪声不应产生假的边缘。

为了满足这些要求，Canny 使用了变分法。Canny 检测器中的最优函数使用四个指数项的和来表示，它可以由高斯函数的一阶导数来近似。

在目前常用的边缘检测方法中，Canny 边缘检测算法是具有严格定义的、可以提供良好可靠检测的方法之一。由于它具有满足边缘检测的三个标准和实现过程简单的优势，被很多人推崇为当今最优的边缘检测算法。

（2）Canny 边缘检测算法的步骤　Canny 边缘检测算法可以分为以下四个步骤：

1）消除噪声，滤除图像中的噪声，可以提升边缘检测的准确性，一般情况下使用高斯滤波器，以平滑图像进行降噪。

2）计算图像中每个像素点的梯度幅值和方向。

3）非极大值抑制，消除非边缘像素，仅保留了一些细线条。

4）确定边缘，应用双阈值检测来确定真实的和潜在的边缘。

（3）OpenCV 实现 Canny 函数　在 OpenCV 中提供了 cv2. Canny( ) 函数来实现 Canny 算子的运算，其一般形式如下：

```
edges = cv2.Canny(image, threshold1, threshold2, edges = None, apertureSize =
None, L2gradient = None)
```

参数说明如下：

image：输入图像，需要边缘检测的原始图像。

threshold1：表示处理过程中的第一个阈值。

threshold2：表示处理过程中的第二个阈值。

edges：输出边缘图像，和输入图像具有相同的尺寸和类型。

apertureSize：表示 Sobel 算子的孔径大小，默认值是 3。

L2gradient：为计算图像梯度幅度的标识，默认值为 False。如果为 True，则使用更精确的 L2 范数。

函数返回值：输出边缘图像，和输入图像具有相同的尺寸和类型。

应用实例：Canny 边缘检测

```
import cv2
#读取文件图像数据
o = cv2.imread('../images/image.png', cv2.IMREAD_GRAYSCALE)
#threshold1 等于 128,threshold2 等于 200 边缘检测
r1 = cv2.Canny(o, 128, 200)
#threshold1 等于 32,threshold2 等于 128 边缘检测
r2 = cv2.Canny(o, 32, 128)
#显示图像
cv2.imshow("image", o)
cv2.imshow("result1", r1)
cv2.imshow("result2", r2)
cv2.waitKey()
cv2.destroyAllWindows()
```

输出结果，即 Canny 图像边缘检测的结果如图 6－5 所示，从程序运行结果可知，当函数 cv2. Canny( ) 的参数 threshold1 和 threshold2 的值较小时，能够捕获更多的边缘信息。

图6-5　Canny 图像边缘检测的结果

6.2　图像轮廓

虽然 Canny 等边缘检测算法能够检测出图像边缘，但是边缘检测并不能得到一幅图像的整体，所以，下一步便是把这些边缘像素组装成轮廓，用于后续的计算，例如，可以计算图像中的大小、位置和方向等信息。

6.2.1　查找轮廓

一个轮廓对应着一系列的点，这些点可以表示成图像中的一条曲线。在 OpenCV 中提供了 cv2. findContours( ) 函数来实现从二值图像中查找轮廓，其一般形式如下：

```
contours,hierarchy = cv2. findContours(image, mode, method,offset = None)
```

参数说明如下：

image：8 位单通道图像，非零像素值视为 1，所以图像视作二值图像。

mode：轮廓检索的模式，可选参数如下：

- cv2. RETR_EXTERNAL：只检索外部轮廓。
- cv2. RETR_LIST：检测所有轮廓且不建立层次结构。
- cv2. RETR_CCOMP：检测所有轮廓，建立两级层次结构。上面的一层为外边界，里面的一层为内孔的边界信息。如果内孔内还有一个连通物体，这个物体的边界也在顶层。
- cv2. RETR_TREE：检测所有轮廓，建立完整的层次结构。

method：轮廓近似的方法，可选参数如下：

- cv2. CHAIN_APPROX_NONE：存储所有的轮廓点。
- cv2. CHAIN_APPROX_SIMPLE：压缩水平，垂直和对角线段，只留下端点。例如，矩形轮廓可以用 4 个点编码。
- cv2. CHAIN_APPROX_TC89_L1，cv2. CHAIN_APPROX_TC89_KCOS：使用 Teh-Chini chain 近似算法。

offset：可选参数，指轮廓点的偏移量，格式为元组，如（-10，10）表示轮廓点沿 X 负方向偏移 10 个像素点，沿 Y 正方向偏移 10 个像素点。

函数返回值：

contours：输出轮廓点，列表格式。

hierarchy：轮廓间的层次关系。

应用实例：cv2.findContours( )函数轮廓查找

```
import cv2
import numpy as np
#读取文件图像数据
image = cv2.imread('../images/img.png')
#显示图像
cv2.imshow("image", o)
#获取灰度图像
gray = cv2.cvtColor(o, cv2.COLOR_BGR2GRAY)
#图像二值化处理
ret, binary = cv2.threshold(gray, 127, 255, cv2.THRESH_BINARY)
#查找图像轮廓,只检索外部轮廓,压缩水平,垂直和对角线段,只留下端点
contours, hierarchy = cv2.findContours(binary, cv2.RETR_EXTERNAL, cv2.CHAI
N_APPROX_SIMPLE)
#获取轮廓的数量
n = len(contours)
#遍历所有轮廓,并绘制轮廓
for i in range(n):
    temp = np.zeros(o.shape, np.uint8)
    temp = cv2.drawContours(temp, contours, i, (255, 255, 255), 5)
    cv2.imshow("contours[" + str(i) + "]", temp)

cv2.waitKey(0)
cv2.destroyAllWindows()
```

输出结果，即图像轮廓查找结果如图 6-6 所示，从程序运行结果可知，图像共有四个轮廓信息，分别遍历输出图像轮廓。

图6-6 图像轮廓查找结果

6.2.2　绘制轮廓

在 OpenCV 中提供了 cv2. drawContours( ) 函数来实现轮廓的绘制，其一般形式如下：

```
image = cv2.drawContours(image, contours, contourIdx, color, thickness = None,
lineType = None, hierarchy = None, maxLevel = None, offset = None)
```

参数说明如下：

image：需要绘制轮廓的目标图像，注意会改变原图。

contours：轮廓点，函数 cv2. findContours( ) 的第一个返回值。

contourIdx：轮廓的索引，表示绘制第几个轮廓，-1 表示绘制所有的轮廓。

color：绘制轮廓的颜色。

thickness：（可选参数）轮廓线的宽度，-1 表示填充。

lineType：（可选参数）轮廓线型，包括 cv2. LINE_4、cv2. LINE_8（默认）、cv2. LINE_AA、分别表示 4 邻域线、8 领域线、抗锯齿线（可以更好地显示曲线）。

hierarchy：（可选参数）层级结构，函数 cv2. findContours( ) 的第二个返回值，配合 maxLevel 参数使用。

maxLevel：（可选参数）等于 0 表示只绘制指定的轮廓，等于 1 表示绘制指定轮廓及其下一级子轮廓，等于 2 表示绘制指定轮廓及其所有子轮廓。

offset：（可选参数）轮廓点的偏移量。

函数返回值：输出绘制的轮廓图像。

应用实例：cv2. drawContours( ) 函数轮廓绘制

```
import cv2
image = cv2.imread('../images/img.png')
cv2.imshow("image",o)
# 获取灰度图像
gray = cv2.cvtColor(o, cv2.COLOR_BGR2GRAY)
# 图像二值化处理
ret, binary = cv2.threshold(gray, 127, 255, cv2.THRESH_BINARY)
# 绘制图像轮廓
contours, hierarchy = cv2.findContours(binary, cv2.RETR_EXTERNAL, cv2.CHA
IN_APPROX_SIMPLE)
img = cv2.drawContours(o, contours, -1, (0, 0, 255), 5)
# 显示图像
cv2.imshow("result", img)
cv2.waitKey()
cv2.destroyAllWindows()
```

输出结果，即轮廓绘制结果如图 6-7 所示，从程序运行结果可知，图像共有 4 个轮廓信息，类型是列表。

图6-7 轮廓绘制结果

6.2.3 轮廓特征

图像的矩可以帮助我们计算图像的质心，面积等轮廓特征。轮廓的矩描述了一个轮廓的重要特征，使用轮廓的矩可以方便地比较两个轮廓。

(1) 轮廓的矩 在 OpenCV 中提供了 cv2. moments( ) 函数可以计算得到矩，并以一个字典的形式返回。其一般形式如下：

```
retval = cv2.moments(array, binaryImage = None)
```

参数说明如下：

array：点集、灰度图像或二值图像。

binaryImage：该参数为 True 时，array 内所有的非零值都被处理为 1，该参数只有 array 参数为图像时才生效。

函数返回值：

输出轮廓图像的矩特征，主要包括：

1) 空间矩。

零阶矩：m10，m01。

一阶矩：m10，m01。

二阶矩：m20，m11，m02。

三阶矩：m30，m21，m12，m03。

2) 中心矩。

二阶中心矩：mu20，mu11，mu02。

三阶中心矩：mu30，mu21，mu12，mu03。

3) 归一化中心矩。

二阶 Hu 矩：nu20，nu11，nu02。

三阶 Hu 矩：nu30，nu21，nu12，nu03。

应用实例：获取轮廓矩特征并计算出轮廓的质心

```
import cv2
import numpy as np
# 读取文件图像数据
o = cv2.imread('../images/img.png')
```

```
cv2.imshow("image", o)
gray = cv2.cvtColor(o, cv2.COLOR_BGR2GRAY)
#图像二值化处理
ret, binary = cv2.threshold(gray, 127, 255, cv2.THRESH_BINARY)
#查找图像轮廓,只检索外部轮廓,压缩水平,垂直和对角线段,只留下端点
contours, hierarchy = cv2.findContours(binary, cv2.RETR_EXTERNAL, cv2.CHAI
N_APPROX_SIMPLE)
#获取轮廓的数量
n = len(contours)
#遍历所有轮廓
for i in range(n):
    temp = np.zeros(o.shape, np.uint8)
    temp = cv2.drawContours(temp, contours, i, (255, 255, 255), 5)
    #获取轮廓矩特征
    m = cv2.moments(contours[i])
    (计算轮廓质心)
    cx = int(m['m10'] /m['m00'])
    cy = int(m['m01'] /m['m00'])
    print("cx:" +str(cx))
    print("cy:" +str(cy))
    #绘制质心圆点
    cv2.circle(temp, (cx, cy), 2, (255,255,255), -1)
    cv2.imshow("contours[" +str(i) +"]", temp)
cv2.waitKey()
cv2.destroyAllWindows()
```

输出结果，cv2. moments()函数使用实例运行结果如图6-8所示，从程序运行结果可知，图像共有四个轮廓信息，分别获取轮廓矩特征并计算出每个轮廓的质心。

图6-8　cv2. moments()函数使用实例运行结果

（2）计算轮廓的面积与周长　在 OpenCV 中提供了计算轮廓面积的 cv2. contourArea( ) 函数，其一般形式如下：

```
retval = cv2.contourArea(contour, oriented = None)
```

参数说明如下：

contour：图像的轮廓。

oriented：该参数为 True 时，返回值是正负号，用来表示轮廓是顺时针还是逆时针。默认值是 False，表示返回的是绝对值。

函数返回值：输出轮廓的面积。

计算轮廓周长 cv2. arcLength( ) 函数其一般形式如下：

```
retval = cv2.arcLength (curve, closed)
```

参数说明如下：

curve：图像的轮廓。

closed：表示轮廓是否是封闭的。该参数为 True 时，表示轮廓是封闭的。

函数返回值：输出轮廓的周长。

应用实例：获取轮廓矩特征并计算出轮廓的面积和周长

```
import cv2
import numpy as np
# 读取文件图像数据
o = cv2.imread('../images/img.png')
gray = cv2.cvtColor(o, cv2.COLOR_BGR2GRAY)
ret, binary = cv2.threshold(gray, 127, 255, cv2.THRESH_BINARY)
contours, hierarchy = cv2.findContours(binary, cv2.RETR_EXTERNAL, cv2.CHAIN_
APPROX_SIMPLE)
# 遍历所有轮廓
n = len(contours)
for i in range(n):
    # 并绘制轮廓
    temp = np.zeros(o.shape, np.uint8)
    temp = cv2.drawContours(temp, contours, i, (255, 255, 255), 5)
    # 计算轮廓面积和周长
    area = cv2.contourArea(contours[i])
    perimeter = cv2.arcLength(contours[i], True)
    print("轮廓" + str(i) + "面积:" + str(area))
    print("轮廓" + str(i) + "周长:" + str(perimeter))
```

输出结果如下，从程序运行结果可知，图像共有四个轮廓信息，以及每个轮廓的面积和周长。

```
轮廓0 面积:31360.0
轮廓0 周长:712.0
轮廓1 面积:16440.0
轮廓1 周长:627.5878744125366
轮廓2 面积:19722.0
轮廓2 周长:542.5584354400635
轮廓3 面积:15618.0
轮廓3 周长:467.93102169036865
```

6.2.4　轮廓拟合

得到图像的轮廓以后，可以通过拟合的方式获取近似这些图像的多边形或者最小外包。在 OpenCV 中提供了多种计算轮廓多边形的方法。

（1）矩形包围框　在 OpenCV 中提供了计算轮廓包围框的 cv2.boundingRect( ) 函数。其一般形式如下：

```
retval = cv2.boundingRect(array)
```

参数说明如下：

array：图像的轮廓。

函数返回值：

返回矩形边界的左上角顶点坐标值及矩形边界的宽度和高度。

应用实例：获取轮廓矩形包围框并绘制矩形包围框

```
import cv2
import numpy as np
#读取文件图像数据
image = cv2.imread('../images/img_2.png')
#显示原始图像
cv2.imshow("image", o)
#获取灰度图像
gray = cv2.cvtColor(o, cv2.COLOR_BGR2GRAY)
#图像二值化处理
ret, binary = cv2.threshold(gray, 127, 255, cv2.THRESH_BINARY)
#查找图像轮廓,只检索外部轮廓,压缩水平,垂直和对角线段,只留下端点
contours, hierarchy = cv2.findContours(binary, cv2.RETR_EXTERNAL, cv2.CHAI
N_APPROX_SIMPLE)
#获取轮廓的数量
n = len(contours)
#遍历所有轮廓
for i in range(n):
```

```
    # 获取矩形包围框
    x, y, w, h = cv2.boundingRect(contours[i])
    bt = np.array([[[x, y]], [[x + w, y]], [[x + w, y + h]], [[x, y + h]]])
    # 并绘制轮廓矩形框
    cv2.drawContours(o, [bt], -1, (0, 0, 255), 2)
    cv2.imshow("contours[" + str(i) + "]", o)
cv2.waitKey()
cv2.destroyAllWindows()
```

输出结果，即绘制矩形包围框如图 6-9 所示。

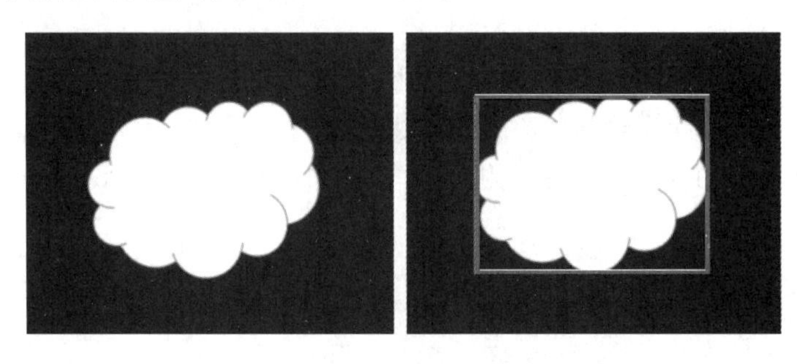

图6-9　绘制矩形包围框

（2）最小矩形包围框　在 OpenCV 中提供了计算轮廓最小矩形包围框的 cv2.minAreaRect( ) 函数。其一般形式如下：

```
retval = cv2.minAreaRect (points)
```

参数说明如下：

points：图像的轮廓。

函数返回值：

返回最小矩形的中心点、宽度、高度及旋转角度。

应用实例：获取轮廓最小矩形包围框并绘制矩形包围框

```
import cv2
import numpy as np
# 读取文件图像数据
image = cv2.imread('../images/img_2.png')
# 显示原始图像
cv2.imshow("image", o)
# 获取灰度图像
gray = cv2.cvtColor(o, cv2.COLOR_BGR2GRAY)
# 图像二值化处理
ret, binary = cv2.threshold(gray, 127, 255, cv2.THRESH_BINARY)
# 查找图像轮廓,只检索外部轮廓,压缩水平,垂直和对角线段,只留下端点
```

```
contours, hierarchy = cv2.findContours(binary, cv2.RETR_EXTERNAL, cv2.CHAI
N_APPROX_SIMPLE)
# 获取轮廓的数量
n = len(contours)
# 遍历所有轮廓
for i in range(n):
    # 获取最小包围矩形框
    rect = cv2.minAreaRect(contours[i])
    points = cv2.boxPoints(rect)
    points = np.int0(points)
    # 并绘制轮廓矩形框
    cv2.drawContours(o, [points], 0, (0, 0, 255), 2)
    cv2.imshow("contours[" + str(i) + "]", o)
cv2.waitKey()
cv2.destroyAllWindows()
```

输出结果，即绘制最小矩形包围框如图 6-10 所示。

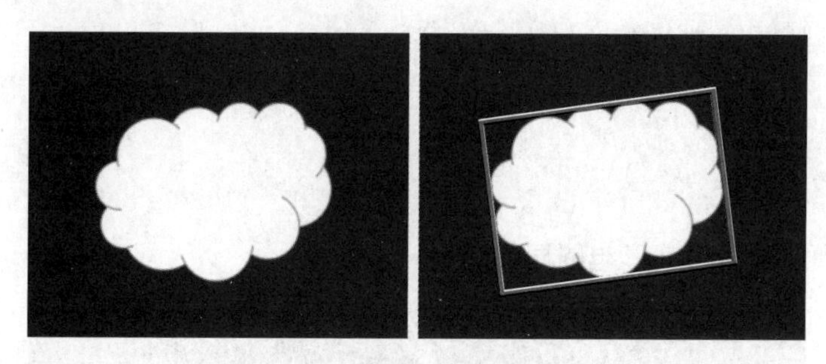

图6-10 绘制最小矩形包围框

（3）最小包围圆形 在 OpenCV 中提供了计算轮廓最小包围圆形的 cv2.minEnclosingCircle() 函数。其一般形式如下：

```
center, radius = cv2.minEnclosingCircle (points)
```

参数说明如下：

points：图像的轮廓。

函数返回值：

返回最小包围圆形的中心点 center 和半径 radius。

应用实例：获取轮廓最小包围圆形并绘制

```
import cv2
import numpy as np
# 读取文件图像数据
image = cv2.imread('../images/img_2.png')
```

```
cv2.imshow("image", o)
# 获取灰度图像
gray = cv2.cvtColor(o, cv2.COLOR_BGR2GRAY)
# 图像二值化处理
ret, binary = cv2.threshold(gray, 127, 255, cv2.THRESH_BINARY)
# 查找图像轮廓,只检索外部轮廓,压缩水平,垂直和对角线段,只留下端点
contours, hierarchy = cv2.findContours(binary, cv2.RETR_EXTERNAL, cv2.CHAI
N_APPROX_SIMPLE)
# 获取轮廓的数量
n = len(contours)
# 遍历所有轮廓
for i in range(n):
    # 获取最小圆形框
    (x, y), r = cv2.minEnclosingCircle(contours[i])
    center = (int(x), int(y))
    r = int(r)
    # 并绘制轮廓圆形
    cv2.circle(o, center, r, (0, 0, 255), 2)
    cv2.imshow("contours[" + str(i) + "]", o)
cv2.waitKey()
cv2.destroyAllWindows()
```

输出结果，即绘制最小圆形包围框如图 6-11 所示。

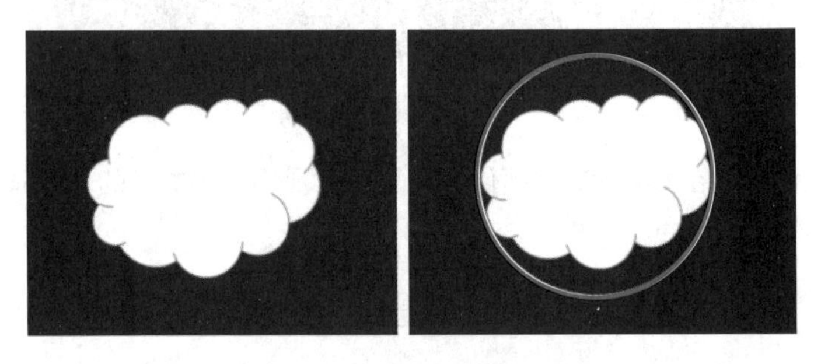

图6-11 绘制最小圆形包围框

（4）最小外包三角形 在 OpenCV 中提供了计算轮廓最小外包三角形的 cv2. minEnclosingTriangle( ) 函数。其一般形式如下：

```
retval = cv2.minEnclosingTriangle (points)
```

参数说明如下：

points：图像的轮廓

函数返回值：

返回最小外包三角形的面积和三个顶点。

应用实例：minEnclosingTriangle 函数的使用，获取轮廓最小外包三角形并绘制

```
import cv2
import numpy as np
#读取文件图像数据
o = cv2.imread('../images/img_2.png')
#显示原始图像
cv2.imshow("image", o)
#获取灰度图像
gray = cv2.cvtColor(o, cv2.COLOR_BGR2GRAY)
#图像二值化处理
ret, binary = cv2.threshold(gray, 127, 255, cv2.THRESH_BINARY)
#查找图像轮廓,只检索外部轮廓,压缩水平,垂直和对角线段,只留下端点
contours, hierarchy = cv2.findContours(binary, cv2.RETR_EXTERNAL, cv2.CHAIN_APPROX_SIMPLE)
#获取轮廓的数量
n = len(contours)
#遍历所有轮廓
for i in range(n):
    #获取最小外包三角形
    s,lines = cv2.minEnclosingTriangle(contours[i])
    #绘制三角形
    for i in range(0, len(lines)):
        cv2.line(o, tuple(lines[i][0]), tuple(lines[(i+1)%3][0]), (0, 0, 255), 2)
    cv2.imshow("contours[" + str(i) + "]", o)
cv2.waitKey()
cv2.destroyAllWindows()
```

输出结果，即绘制最小外包三角形包围框如图 6-12 所示。

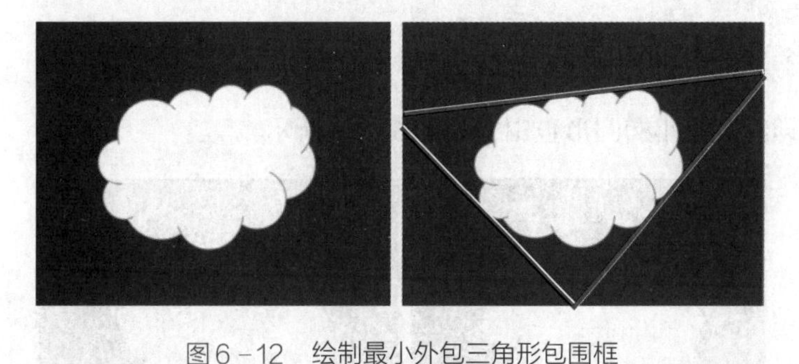

图 6-12 绘制最小外包三角形包围框

(5) 最优拟合椭圆 在 OpenCV 中提供了计算轮廓最优拟合椭圆的 cv2. fitEllipse( ) 函数。其一般形式如下：

```
retval = cv2.fitEllipse (points)
```

参数说明如下：

points：图像的轮廓。

函数返回值：返回最优拟合椭圆的中心点、轴长度和旋转角度。

应用实例：获取轮廓最优拟合椭圆并绘制

```
import cv2
# 读取文件图像数据
o = cv2.imread('../images/img_2.png')
# 显示原始图像
cv2.imshow("image", o)
# 获取灰度图像
gray = cv2.cvtColor(o, cv2.COLOR_BGR2GRAY)
# 图像二值化处理
ret, binary = cv2.threshold(gray, 127, 255, cv2.THRESH_BINARY)
# 查找图像轮廓,只检索外部轮廓,压缩水平,垂直和对角线段,只留下端点
contours, hierarchy = cv2.findContours(binary, cv2.RETR_EXTERNAL, cv2.CHAI
N_APPROX_SIMPLE)
# 获取轮廓的数量
n = len(contours)
# 遍历所有轮廓
for i in range(n):
    # 获取最优模拟椭圆
    e = cv2.fitEllipse(contours[i])
    # 绘制椭圆
    cv2.ellipse(o, e, (0, 0, 255), 3)
    cv2.imshow("contours[" + str(i) + "]", o)
cv2.waitKey(0)
cv2.destroyAllWindows()
```

输出结果，即绘制最小椭圆形包围框如图 6 - 13 所示。

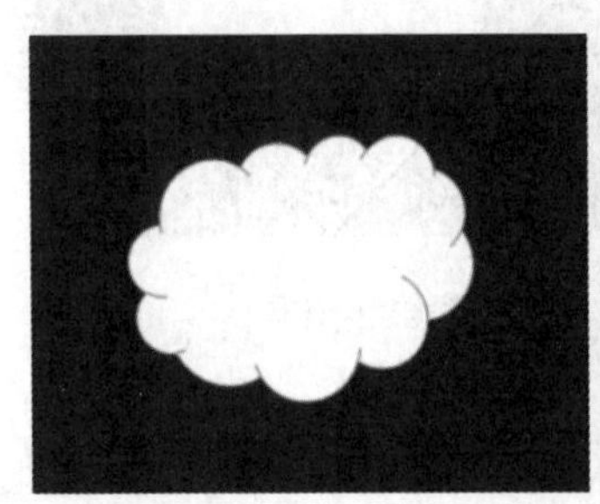
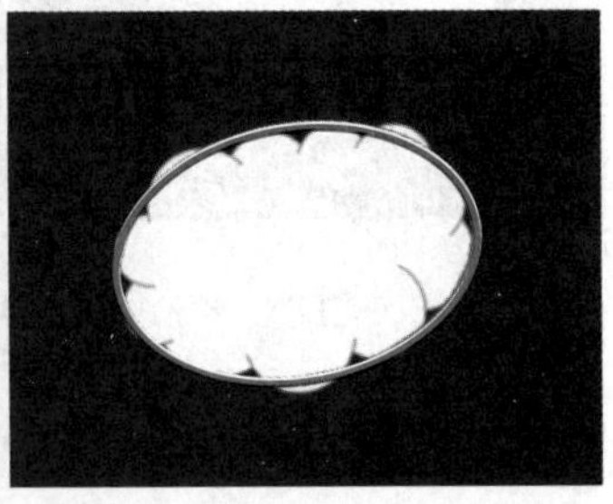

图 6 - 13　绘制最小椭圆形包围框

（6）最优拟合直线　在 OpenCV 中提供了利用最小二乘 M-estimator 方法拟合直线的 cv2. fitLine( )函数。其一般形式如下：

```
line = cv2.fitLine(points, distType, param, reps, aeps)
```

参数说明如下：

points：图像的轮廓。

distType：M-estimator 方法使用的距离类型标志。

param：某些距离类型的数值参数。如果数值为 0，则自动选择最佳值。

reps：坐标原点与直线之间的距离精度，数值 0 表示选择自适应参数，一般选择 0. 01。

aeps：直线角度精度，数值 0 表示选择自适应参数，一般选择 0. 01。

函数返回值：

返回最优拟合直线参数。

应用实例：获取轮廓最优拟合直线并绘制

```
import cv2
import numpy as np
#读取文件图像数据
image = cv2.imread('../images/img_2.png')
#显示原始图像
cv2.imshow("image", o)
#获取灰度图像
gray = cv2.cvtColor(o, cv2.COLOR_BGR2GRAY)
#图像二值化处理
ret, binary = cv2.threshold(gray, 127, 255, cv2.THRESH_BINARY)
#查找图像轮廓,只检索外部轮廓,压缩水平,垂直和对角线段,只留下端点
contours, hierarchy = cv2.findContours(binary, cv2.RETR_EXTERNAL, cv2.CHAI
N_APPROX_SIMPLE)
#获取轮廓的数量
n = len(contours)
#获取图像大小信息
w, h = o.shape[:2]
#遍历所有轮廓
for i in range(n):
    #获取最优模拟椭圆
    [vx, vy, x, y] = cv2.fitLine(contours[i], cv2.DIST_L2, 0, 0.01, 0.01)
    y1 = int((-x * vy /vx) + y)
    y2 = int(((h - x) * vy /vx) + y)
    #绘制直线
    cv2.line(o, (h-1, y1), (0, y2), (0, 0, 255), 2)
    cv2.imshow("contours[" + str(i) + "]",o)
```

```
cv2.waitKey()
cv2.destroyAllWindows()
```

输出结果，即绘制轮廓最优拟合直线如图 6-14 所示。

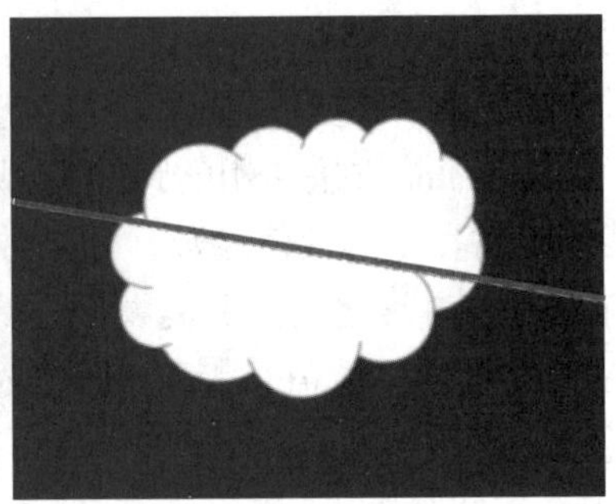

图 6-14 绘制轮廓最优拟合直线

6.3 霍夫变换

霍夫变换于 1962 年由 Paul Hough 首次提出，后于 1972 年由 Richard Duda 和 Peter Hart 推广使用。经典霍夫变换用来检测图像中的直线，后来霍夫变换扩展到任意形状物体的识别，多为圆和椭圆。霍夫变换的基本原理在于利用点与线的对偶性，将原始图像空间的给定曲线通过曲线表达形式变为参数空间的一个点。这样就把原始图像中给定曲线的检测问题转化为寻找参数空间中的峰值问题，即把检测整体特性转化为检测局部特性，如直线、椭圆、圆、弧线等。

6.3.1 直线检测

在 OpenCV 中提供了 cv2.HoughLines() 函数用来实现霍夫变换检测直线。该函数要求所操作的源图像是一个二值图像，所以在进行霍夫变换之前要先将源图进行二值化，或者进行 Canny 边缘检测。其一般形式如下：

```
lines = cv2.HoughLines (image, rho, theta, threshold)
```

参数说明如下：

image：输入的图像，8 位单通道二值图像。

rho：极径参数的距离分辨率，一般情况下，使用的精度是 1。

theta：极角参数的角度分辨率，一般情况下，使用的精度是 π/180，表示搜索所有可能的角度。

threshold：设定的阈值，大于此阈值的交点，才会被认为是一条直线。

函数返回值：

返回输出的直线，包含 rho、theta 的数组对象。

应用实例：标准霍夫变换直线检测

```
import cv2
import numpy as np
#标准霍夫直线检测
def Myhouhline(canny, image):
    #霍夫检测
    all_lines = cv2.HoughLines(canny, 1, np.pi /180, 140)
    #绘制检测的直线
    for line in all_lines:
        rho, theta = line[0]
        cos = np.cos(theta)
        sin = np.sin(theta)
        w = rho * cos
        h = rho * sin
        x1 = int(w + 1000 * ( -sin))
        y1 = int(h + 1000 * (cos))
        x2 = int(w - 1000 * ( -sin))
        y2 = int(h - 1000 * (cos))
        cv2.line(image, (x1, y1), (x2, y2), (255, 255, 255), 2)
    return image
#读取文件图像数据
o = cv2.imread('../images/c360.jpg', cv2.IMREAD_GRAYSCALE)
#threshold1 等于 128,threshold2 等于 200 边缘检测
r1 = cv2.Canny(o, 50, 150, apertureSize =3)
#显示图像
cv2.imshow("Image",0)
cv2.imshow("Canny",r1)
result 1 =Myhouhline(r1,0)
cv2.imshow =("Houhline",result1)
cv2.waitKey()
cv2.destroyAllWindows()
```

输出结果，即标准霍夫变换直线检测结果如图 6 - 15 所示。

图6-15　标准霍夫变换直线检测结果

另外在 OpenCV 中提供了 cv2. MyHouhLineP( )函数用来实现概率霍夫变换检测直线。概率霍夫变换对基本的霍夫变换算法进行了优化。它没有考虑所有的点，相反，它只需要一个足以进行线检测的随机点子集即可，这样可以有效去除基本霍夫变换检测出来的大量重复直线。其一般形式如下：

```
lines = cv2.MyHouhLineP (image, rho, theta, threshold, minLineLength, maxLineGap)
```

参数说明如下：

image：输入的图像，8 位单通道二值图像。

rho：极径参数的距离分辨率，一般情况下，使用的精度是 1。

theta：极角参数的角度分辨率，一般情况下，使用的精度是 π/180，表示搜索所有可能的角度。

threshold：设定的阈值，大于此阈值的交点，才会被认为是一条直线。

minLineLength：用来控制接受直线最小长度的值，默认值是 0。

maxLineGap：用来控制共线线段之间的最大间隔。

函数返回值：

返回输出的直线，包含 rho、theta 的数组对象。

应用实例：概率霍夫变换直线检测

```
import cv2
import numpy as np
# 概率霍夫直线检测
def MyhouhLineP(canny, image):
    # 概率霍夫变换检测直线
    all_lines = cv2.HoughLinesP(canny, 1, np.pi /180, 1, minLineLength =100,
maxLineGap =10)
    # 绘制检测的直线
    for line in all_lines:
        x1, y1, x2, y2 = line[0]
        cv2.line(image, (x1, y1), (x2, y2), (255, 255, 255), 2)
    return image
# 读取文件图像数据
o = cv2.imread('../images/c360.jpg', cv2.IMREAD_GRAYSCALE)
# threshold1 等于 128,threshold2 等于 200 边缘检测
r1 = cv2.Canny(o, 50, 150, apertureSize =3)
# 显示图像
cv2.imshow("Image",0)
cv2.imshow("Canny", r1)
result2 = MyhouhLineP(r1,o)
```

```
cv2.imshow("HouhLineP", result2)
cv2.waitKey()
cv2.destroyAllWindows()
```

输出结果，即概率霍夫变换直线检测结果如图 6-16 所示。

图 6-16　概率霍夫变换直线检测结果

6.3.2　圆检测

霍夫变换除了可以用来检测直线外，还可以用来检测图像中的圆，与使用霍夫直线变换检测直线原理类似。在霍夫圆检测中，需要考虑圆半径和圆心等参数。

在 OpenCV 中提供了 cv2.HoughCircles() 函数用来实现霍夫变换圆检测。其一般形式如下：

```
circles = cv2.HoughCircles (image, method, dp, minDist, param1, param2, minRadius, maxRadius)
```

参数说明如下：

image：输入的图像，8 位单通道灰度图像。

method：检测方法，有 HOUGH_GRADIENT 和 HOUGH_GRADIENT_ALT 两种方法选择。

dp：累加器分辨率与图像分辨率的反比，如果 dp = 1，累加器的分辨率与输入图像相同；如果 dp = 2，累加器的分辨率为输入图像的一半。

minDist：设定的阈值，大于此阈值的交点，才会被认为是一条直线。

param1：在 HOUGH_GRADIENT 和 HOUGH_GRADIENT_ALT 两种模式时，它是传递给 Canny 边缘检测器的两个阈值中较高的一个。

param2：该值越小，可以检测到更多根本不存在的圆；该值越大，能通过检测的圆就更加接近完美的圆形。

minRadius：检测圆形的最小半径。

maxRadius：检测圆形的最大半径。

函数返回值：

返回输出的所有找到的圆形，包含圆心和半径的数组对象。

应用实例：霍夫变换圆检测

```
import cv2
import numpy as np
# 霍夫圆形检测示例
def MyHouhCircle(img, image):
    # 霍夫变换圆检测
    circles = cv2.HoughCircles(img, cv2.HOUGH_GRADIENT, 1, 30, param1 = 50,
param2 =30, minRadius =20, maxRadius =50)
    circles = np.uint16(np.around(circles))
    # 绘制检测的圆形
    for c in circles[0, :]:
        cv2.circle(image, (c[0], c[1]), c[2], (255, 0, 0), 2)
        cv2.circle(image, (c[0], c[1]), 2, (255, 0, 0), 2)
    return image
# 读取文件图像数据
o = cv2.imread('../images/c361.jpg', cv2.IMREAD_GRAYSCALE)
image = o.copy()
# 中值滤波
img = cv2.medianBlur(o, 5)
# 显示图像
cv2.imshow("Image", image)
result2 = MyHouhCircle(img, image)
cv2.imshow("HouhCircle", result2)
cv2.waitKey()
cv2.destroyAllWindows()
```

输出结果，即霍夫变换圆检测结果如图 6－17 所示。

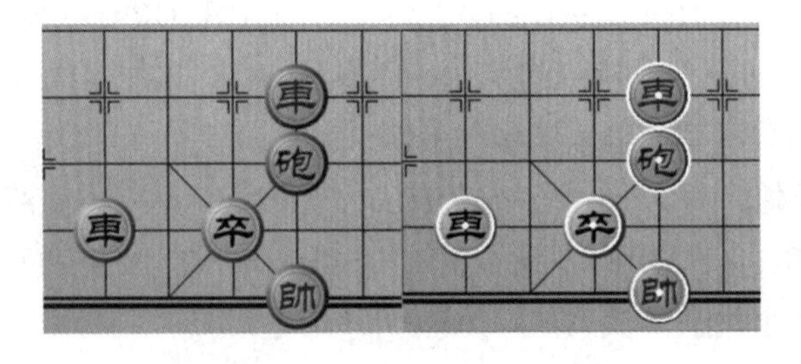

图6－17　霍夫变换圆检测结果

案 例

案例 1：以物体边界轮廓框出照片中物体

利用本章所学到的知识，来进行图片中物体的识别与标记。思路是通过一系列处理，将原始图片转换成比较简单的图片，消除不必要的信息，减少画面中的噪声干扰。用得到的图片再去进行轮廓查找，以达到事半功倍的效果。原始图像如图6-18所示，需要绘制轮廓并以圆形框出图中飞鸟。

首先，需要利用图像二值化，对图像做简单的处理，以此来简化运算，程序代码如下：

```
import cv2
img = cv2.imread('../images/birds.png')
# 灰度图像
gray = cv2.cvtColor(img, cv2.COLOR_BGR2GRAY)
# 二值化
ret, binary = cv2.threshold(gray, 200, 255, cv2.THRESH_BINARY_INV)
cv2.imshow("img", binary)
cv2.waitKey(0)
cv2.destroyAllWindows()
```

输出结果，即图像二值化处理结果如图6-19所示。

图6-18　原始图像

图6-19　图像二值化处理结果

利用得到的黑白图片，可以更方便地查找出小鸟的轮廓，并利用本章学到的知识，绘制出小鸟的轮廓。程序代码如下：

```
import cv2
img = cv2.imread('../images/birds.png')
# 灰度图像
gray = cv2.cvtColor(img, cv2.COLOR_BGR2GRAY)
# 二值化
ret, binary = cv2.threshold(gray, 200, 255, cv2.THRESH_BINARY_INV)
contours, hierarchy = cv2.findContours(binary, cv2.RETR_TREE, cv2.CHAIN_APPROX_SIMPLE)
# 以小鸟边界轮廓框出小鸟
cv2.drawContours(img, contours, -1, (0, 0, 255), 3)
cv2.imshow("img", img)
cv2.waitKey(0)
cv2.destroyAllWindows()
```

输出结果，即以小鸟边界轮廓框出小鸟如图 6 - 20 所示。

需要注意，主体和背景的颜色不同时，所用到的参数差别很大，需要根据实际情况，反复调试出合适参数，并选取合适的阈值类型。还需要注意的是，为了剔除噪声和减少运算量，通常第一步是将图像转换成灰度图像。

案例 2：以圆形框出照片中物体

在实际应用中，通常会用圆形或方形来标记识别出的物体，这样可以方便人眼对于程序运算结果的观察。尤其是在视频识别中，运动物体的标记是必不可少的一项任务。沿用案例 1 中的前几项步骤，先对图像进行二值化处理，简化运算并去除噪声，再利用相关函数标记物体。原始图像如图 6 - 21 所示，接下来以圆形标记出图中飞鸟。

图 6 - 20 以小鸟边界轮廓框出小鸟

图 6 - 21 原始图像

程序代码如下：

```
import cv2
img = cv2.imread('../images/birds.png')
# 灰度图像
gray = cv2.cvtColor(img, cv2.COLOR_BGR2GRAY)
# 二值化
ret, binary = cv2.threshold(gray, 200, 255, cv2.THRESH_BINARY_INV)
contours, hierarchy = cv2.findContours(binary, cv2.RETR_TREE, cv2.CHAIN_
APPROX_SIMPLE)
# 以圆形框出小鸟
for i in range(len(contours)):
    (x, y), radius = cv2.minEnclosingCircle(contours[i])
    center = (int(x), int(y))
    radius = int(radius)
    img = cv2.circle(img, center, radius, (0, 255, 0), 2)
# 以小鸟边界轮廓框出小鸟
cv2.drawContours(img, contours, -1, (0, 0, 255), 3)
cv2.imshow("img", img)
cv2.waitKey(0)
cv2.destroyAllWindows()
```

输出结果，即以圆形框出照片中的物体如图6－22所示。

图6－22　以圆形框出照片中的物体

通过以上案例，可以轻松观察出物体识别结果。如果用在视频文件上，可以实现人物、宠物等物体的识别，这项技术在现在的智能监控等设备上已得到广泛应用。

习题

1. 检测一幅图像的边缘。
2. 查找并绘制一幅图像的轮廓，尝试计算其中某一物体的面积。
3. 用至少三种方法拟合出某一物体的轮廓。
4. 利用霍夫变换圆检测函数，计算出任意棋盘上棋子的数量。

第 7 章
形态学处理

扫码看视频

本章主要介绍利用 OpenCV 进行图像形态学处理，在 OpenCV 中提供了 cv2. erode( ) 、cv2. dilate( ) 、cv2. morphologyEx( ) 等函数，利用这些函数及其不同参数能够实现腐蚀、膨胀、开运算、闭运算、形态学梯度、顶帽子、黑帽子等形态学处理。

形态学处理用来解决抑制噪声、特征提取、边缘检测、图像分割、形状识别、纹理分析、图像恢复与重建、图像压缩等图像处理问题。形态学处理就是改变物体的形状，它通常作用于二值化图像。OpenCV 中形态学处理函数需要两个输入参数：待处理图像、核（也称结构元素），其中核参数决定形态学处理的具体操作。

两个基本的形态学处理是：腐蚀和膨胀。以两者为基础，扩展得出开运算、闭运算、形态学梯度、顶帽子、黑帽子等形态学处理。

7.1 腐蚀

7.1.1 腐蚀概述

形态学腐蚀类似于日常生活中的土壤腐蚀，会把图像中前景物体的边界腐蚀掉。腐蚀操作通过将 2D 卷积核在图像上滑动，并取滑动区域的局部最小值作为结果值。只有当卷积核对应的原始图像中所有像素值都是 255 时，处理结果值才是 255，其他情况处理结果值都是 0（二值图像像素值为 0 或 255）。

这样做的结果就是，靠近边界的图像元素会根据卷积核的大小决定是否被抛弃（或者说腐蚀掉，也就是变为 0）。腐蚀的效果是把图片“变瘦”，使前景物体的厚度变小，即前景白色区域减少。它对于去除小的白色噪声点、分离两个连接的物体等都很有用。腐蚀处理如图 7 - 1所示。

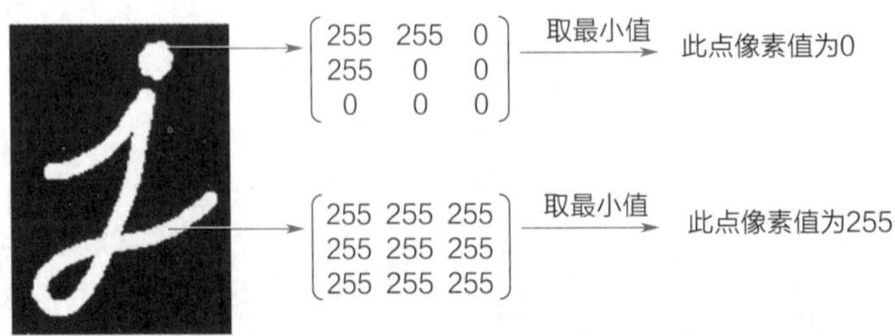

图7-1 腐蚀处理

在 OpenCV 中使用 cv2. erode( )函数进行腐蚀操作，其格式为：

```
dist = cv2.erode(src, kernel, dst = None,iterations = None, borderType = None,
borderValue = None)
```

主要参数说明如下：

src：需要腐蚀的图像。

kernel：腐蚀核。

dst：目标图像，需要和原始图像有一样的尺寸和类型。

iterations：迭代次数，默认值为 1。

borderType：用于推断图像外部像素的某种边界模式。

borderValue：当边界为常数时的边界值，有默认值 morphologyDefaultBorderValue，一般不设置。上述参数中 src、kernel 为必需参数，其他为可选项。

7.1.2 腐蚀核（结构元素）

核也叫结构元素，因为形态学操作其实也是应用卷积来实现的，核形状可以是矩形、椭圆、十字形等，在 OpenCV 中使用 cv2. getStructuringElement( )来生成不同形状的核元素，例如：

```
kernel = cv2.getStructuringElement(cv2.MORPH_RECT, (5, 5))  #矩形结构
[[1 1 1 1 1]
 [1 1 1 1 1]
 [1 1 1 1 1]
 [1 1 1 1 1]
 [1 1 1 1 1]]
kernel = cv2.getStructuringElement(cv2.MORPH_ELLIPSE, (5, 5))  #椭圆结构
[[0 0 1 0 0]
 [1 1 1 1 1]
 [1 1 1 1 1]
 [1 1 1 1 1]
 [0 0 1 0 0]]
kernel = cv2.getStructuringElement(cv2.MORPH_CROSS, (5, 5))  #十字形结构
[[0 0 1 0 0]
 [0 0 1 0 0]
 [1 1 1 1 1]
 [0 0 1 0 0]
 [0 0 1 0 0]]
```

应用实例：对字母图像进行腐蚀操作

```
import numpy as np
import cv2
```

```
img = cv2.imread('../images/j.bmp', 0)
kernel = np.ones((5, 5), np.uint8)
result = cv2.erode(img, kernel)

cv2.imshow('erode', np.hstack((img, result)))
cv2.waitKey(0)
cv2.destroyAllWindows()
```

输出结果如图 7-2 所示，可以看出对字母图像进行腐蚀操作后，图像中前景白色部分变细了。

应用实例：增大腐蚀核，对字母图像进行腐蚀操作

```
import numpy as np
import cv2

img = cv2.imread('../images/j.bmp', 0)
kernel = np.ones((7, 7), np.uint8) #腐蚀核变为7X7
result = cv2.erode(img, kernel)

cv2.imshow('erode', np.hstack((img, result)))
cv2.waitKey(0)
cv2.destroyAllWindows()
```

增大腐蚀核，对字母图像进行腐蚀操作后的输出结果如图 7-3 所示，可以看出随着腐蚀核增大，图像前景白色部分更细了。

图 7-2 腐蚀操作

图 7-3 增大腐蚀核

应用实例：变换腐蚀核

```
import numpy as np
import cv2

img = cv2.imread('../images/j.bmp', 0)

size = (9, 9)
kernel = cv2.getStructuringElement(cv2.MORPH_ELLIPSE, size)  # 椭圆结构
result1 = cv2.erode(img, kernel)
```

```
kernel = cv2.getStructuringElement(cv2.MORPH_CROSS, size)  #十字形结构
result2 = cv2.erode(img, kernel)
cv2.imshow('erode', np.hstack((result1, result2)))
cv2.waitKey(0)
cv2.destroyAllWindows()
```

变换腐蚀核后的输出结果如图7-4所示，可以看出不同的腐蚀核（结构元素）对于腐蚀处理结果有很大的影响，应根据实际情况选择适合的核及其大小。

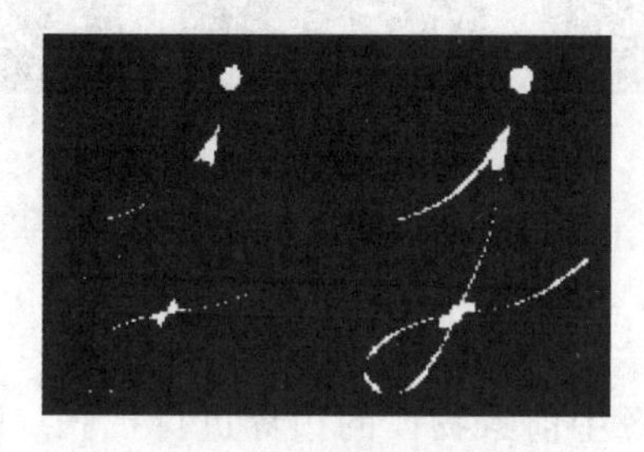

图7-4 变换腐蚀核

应用实例：多次腐蚀操作

在此实例中设置 iterations 参数为2，表示进行两次腐蚀操作，对比原图、单次腐蚀结果、两次腐蚀结果。

```
import numpy as np
import cv2
import matplotlib.pyplot as plt
img = cv2.imread('../images/j.bmp', 0)
kernel = np.ones((3, 3), np.uint8)
result = cv2.erode(img, kernel)
result1 = cv2.erode(img, kernel, iterations=2)  #腐蚀2次
fig, axes = plt.subplots(1, 3)
axes[0].imshow(img, cmap='gray')
axes[0].set_title("Orig")
axes[0].set_xticks([])
axes[0].set_yticks([])
axes[1].imshow(result, cmap='gray')
axes[1].set_title("erode-1")
axes[1].set_xticks([])
axes[1].set_yticks([])
axes[2].imshow(result1, cmap='gray')
axes[2].set_title("erode-2")
axes[2].set_xticks([])
axes[2].set_yticks([])
plt.show()
```

多次腐蚀操作后的输出结果如图 7－5 所示，可以看出每次腐蚀都使白色前景变细，两次腐蚀操作后的图像明细边缘更粗糙、不光滑。

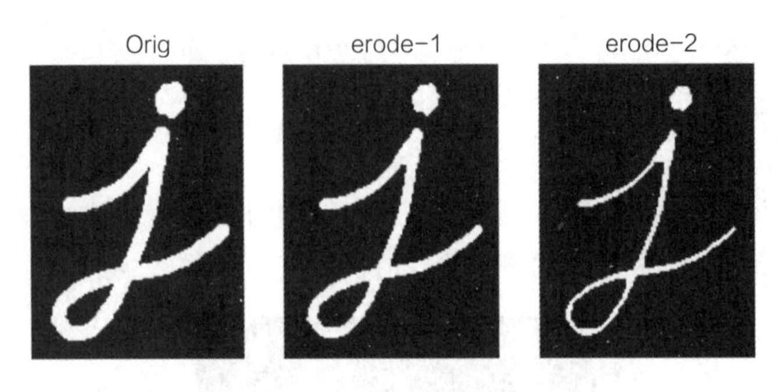

图 7－5 多次腐蚀操作

7.2 膨胀

与腐蚀相反，膨胀会把图像中前景物体的边界进行扩张。膨胀操作通过将 2D 卷积核在图像上滑动，并取滑动区域的局部最大值作为结果值。只有当卷积核对应的原始图像中所有像素值都是 0 时，处理结果值才是 0，其他情况处理结果值都是 255（二值图像像素值为 0 或 255），如图 7－6 所示。

因此，膨胀的效果是把图片“变胖”，增加了图像前景白色区域。通常情况下，在去除噪声以后，在腐蚀操作之后就是膨胀。因为，腐蚀消除了白色的噪声点，但它也缩小了前景物体，所以需要使用膨胀来扩大。膨胀在连接物体的破碎部分时很有用。

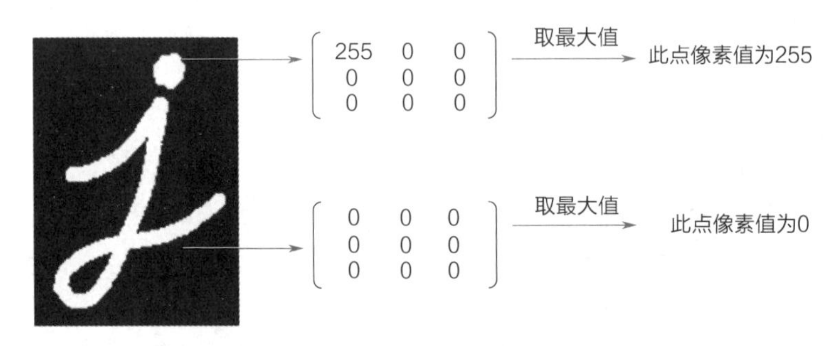

图 7－6 膨胀处理

在 OpenCV 中使用 cv2. dilate( ) 函数进行膨胀操作，其格式为：

```
dst = cv2.dilate(src, kernel, dst = None, iterations = None, borderType = None,
borderValue = None)
```

主要参数说明如下：

src：需要膨胀的图像。

kernel：膨胀核。

dst：目标图像，需要和原始图像有一样的尺寸和类型。

iterations：迭代次数，默认值为 1。

borderType：用于推断图像外部像素的某种边界模式。

borderValue：当边界为常数时的边界值，有默认值 morphologyDefaultBorderValue，一般不设置。

上述参数中 src、kernel 为必需参数，其他为可选项。

应用实例：对字母图像进行膨胀操作

```
import numpy as np
import cv2

img = cv2.imread('../images/j.bmp', 0)
kernel = np.ones((5, 5), np.uint8)
result = cv2.dilate(img, kernel)

cv2.imshow('dilate', np.hstack((img, result)))
cv2.waitKey(0)
cv2.destroyAllWindows()
```

膨胀操作输出结果如图7-7所示，可以看出膨胀处理后，图像中前景白色部分变粗了。

应用实例：增大膨胀核，对字母图像进行膨胀操作

```
import numpy as np
import cv2

img = cv2.imread('../images/j.bmp', 0)
kernel = np.ones((7, 7), np.uint8) #增大膨胀核
result = cv2.dilate(img, kernel)

cv2.imshow('dilate', np.hstack((img, result)))

cv2.waitKey(0)
cv2.destroyAllWindows()
```

增大膨胀核，对字母进行膨胀操作的输出结果如图7-8所示，可以看出随着膨胀核增大，图像前景白色部分更粗了。

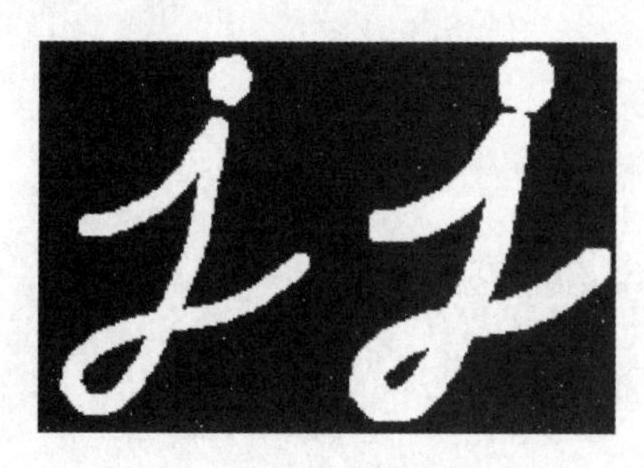

图7-7　膨胀操作

图7-8　增大膨胀核

应用实例：变换膨胀核

```
import numpy as np
import cv2
img = cv2.imread('../images/j.bmp', 0)
size = (9, 9)
kernel = cv2.getStructuringElement(cv2.MORPH_ELLIPSE, size)  # 椭圆结构
result1 = cv2.dilate(img, kernel)
kernel = cv2.getStructuringElement(cv2.MORPH_CROSS, size)  # 十字形结构
result2 = cv2.dilate(img, kernel)
cv2.imshow('dilate', np.hstack((result1, result2)))
cv2.waitKey(0)
cv2.destroyAllWindows()
```

变换膨胀核后的输出结果如图 7-9 所示，可以看出不同的膨胀核（结构元素）对于膨胀处理结果有很大的影响，应根据实际情况选择适合的核及其大小。

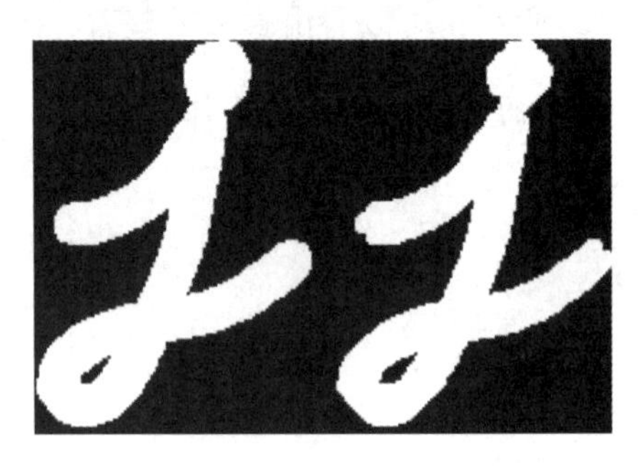

图 7-9 变换膨胀核

应用实例：多次膨胀操作

在此实例中，设置 iterations 参数为 2，表示进行两次膨胀操作，对比原图、单次膨胀结果、两次膨胀结果。

```
import numpy as np
import cv2
import matplotlib.pyplot as plt
img = cv2.imread('../images/j.bmp', 0)
kernel = np.ones((3, 3), np.uint8)
result = cv2.dilate(img, kernel)
result1 = cv2.dilate(img, kernel, iterations=2)  # 膨胀 2 次
fig, axes = plt.subplots(1, 3)
axes[0].imshow(img, cmap='gray')
axes[0].set_title("Orig")
axes[0].set_xticks([])
```

```
axes[0].set_yticks([])
axes[1].imshow(result, cmap='gray')
axes[1].set_title("dilate-1")
axes[1].set_xticks([])
axes[1].set_yticks([])
axes[2].imshow(result1, cmap='gray')
axes[2].set_title("dilate-2")
axes[2].set_xticks([])
axes[2].set_yticks([])
plt.show()
```

两次膨胀操作后的输出结果如图7-10所示，可以看出每次膨胀都使白色前景变粗，两次膨胀操作后的图像明细边缘更光滑，原来不连通的区域变为连通。

图7-10　两次膨胀操作

7.3　开运算

开运算操作是结合了腐蚀和膨胀的一种运算，先腐蚀后膨胀。开运算就是先进行腐蚀，消除小物体、分离间隔区，再进行膨胀，使目标整体边缘平滑，且面积大小几乎不受影响。

在OpenCV中使用cv2.morphologyEx()函数进行开运算操作，其格式为：

```
dst = cv2.morphologyEx(src, op, kernel, dst = None, iterations = None, borderType=None, borderValue=None)
```

主要参数说明如下：

src：需要进行开运算的图像。

op：运算操作选择符，开运算是MORPH_OPEN。

kernel：核。

dst：目标图像，需要和原始图像有一样的尺寸和类型。

iterations：迭代次数，默认值为1。

borderType：用于推断图像外部像素的某种边界模式。

borderValue：当边界为常数时的边界值，有默认值morphologyDefaultBorderValue，一般不设置。

上述参数中src、op、kernel为必需参数，其他为可选项。

应用实例：对字母图像进行开运算

```
import numpy as np
import cv2

img = cv2.imread('../images/j_noise_out.bmp', 0)
kernel = cv2.getStructuringElement(cv2.MORPH_RECT, (5,5))  #定义核
result = cv2.morphologyEx(img, cv2.MORPH_OPEN, kernel)
cv2.imshow('open', np.hstack((img, result)))
cv2.waitKey(0)
cv2.destroyAllWindows()
```

对字母图像进行开运算的输出结果如图 7－11 所示，左侧是原始图像，图像中包含若干白色噪声点。右侧是应用开运算之后的图像，可以看到经过开运算，第一步使用腐蚀操作将白色噪声点去除，第二步使用膨胀操作恢复原来的白色前景区域。

应用实例：增大结构元素，进行开运算

```
import numpy as np
import cv2

img = cv2.imread('../images/j_noise_out.bmp', 0)
kernel = cv2.getStructuringElement(cv2.MORPH_RECT, (7,7))  #定义结构元素
result = cv2.morphologyEx(img, cv2.MORPH_OPEN, kernel)

cv2.imshow('open', np.hstack((img, result)))
cv2.waitKey(0)
cv2.destroyAllWindows()
```

增大结构元素后的开运算输出结果如图 7－12 所示，可以看出随着结构元素增大，部分白色前景图像消失了，也是因为随着结构元素增大，进行腐蚀操作时去除了部分白色前景，而后进行膨胀操作时没有办法完全恢复。

图 7－11　开运算

图 7－12　增大结构元素后的开运算

开运算总结

- 开运算能够除去孤立的小点、毛刺和小桥，而图像总的位置和形状不变。
- 开运算是一个基于几何运算的滤波器。
- 结构元素大小的不同将导致滤波效果的不同。
- 不同的结构元素的选择导致了不同的分割，即提取出不同的特征。

7.4 闭运算

闭运算是开运算的相反操作，即先进行膨胀再进行腐蚀操作。它通常被用来填充或者抹去前景物体上的噪声点。例如，先将本章字母图像中白色的部分变大，把小的黑色部分挤掉，然后再将一些大的黑色的部分还原回来，就可以抹去前景物体上的小黑点了。

在 OpenCV 中使用 cv2.morphologyEx( )函数进行闭运算操作，其格式为：

```
dst = cv2.morphologyEx ( src, op, kernel, dst = None, iterations = None, borderType = None, borderValue = None)
```

主要参数说明如下：

src：需要进行闭运算的图像。

op：运算操作选择符，闭运算是 MORPH_CLOSE。

kernel：核。

dst：目标图像，需要和原始图像有一样的尺寸和类型。

iterations：迭代次数，默认值为 1。

borderType：用于推断图像外部像素的某种边界模式。

borderValue：当边界为常数时的边界值，有默认值 morphologyDefaultBorderValue，一般不设置。

上述参数中 src、op、kernel 为必需参数，其他为可选项。

应用实例：对图像进行闭运算

```
import numpy as np
import cv2

img = cv2.imread('../images/j_noise_in.bmp', 0)
kernel = cv2.getStructuringElement(cv2.MORPH_RECT, (5, 5)) #定义结构元素
result = cv2.morphologyEx(img, cv2.MORPH_CLOSE, kernel)
cv2.imshow('close', np.hstack((img, result)))
cv2.waitKey(0)
cv2.destroyAllWindows()
```

闭运算的输出结果如图 7-13 所示，左侧是原始图像，图像中包含若干黑色噪声点。右侧是应用闭运算之后的图像，先使用膨胀操作，将内部黑色噪声点去除，再使用腐蚀操作恢复原来前景区域的大小。

应用实例：增大结构元素，进行闭运算

```
import numpy as np
import cv2

img = cv2.imread('../images/j_noise_in.bmp', 0)
kernel = cv2.getStructuringElement(cv2.MORPH_RECT, (7, 7))  #增大结构元素
result = cv2.morphologyEx(img, cv2.MORPH_CLOSE, kernel)
```

```
cv2.imshow('close', np.hstack((img, result)))
cv2.waitKey(0)
cv2.destroyAllWindows()
```

增大结构元素后的闭运算输出结果如图 7-14 所示，可以看出随着结构元素增大，前景的白色图像扩大了，也是因为随着结构元素的增大，进行膨胀操作时去除了部分黑色背景，而后进行腐蚀操作时没有办法完全恢复原来的结构。

图 7-13　闭运算

图 7-14　增大结构元素后的闭运算

闭运算总结

- 闭运算能够填平小孔，弥合小裂缝，而图像总的位置和形状不变。
- 闭运算是通过填充图像的凹角来滤波图像的。
- 结构元素大小的不同将导致滤波效果的不同。
- 不同的结构元素的选择导致了不同的分割，即提取出不同的特征。

7.5　形态学梯度

梯度用于刻画目标边界或边缘位于图像灰度级剧烈变化的区域。形态学梯度是一幅图像的膨胀图和腐蚀图之差，其结果可以实现物体的边缘轮廓识别。

在 OpenCV 中使用 cv2. morphologyEx( ) 函数进行形态学梯度操作，其格式为：

```
dst = cv2.morphologyEx(src, op, kernel, dst = None, iterations = None, borderType = None, borderValue = None)
```

主要参数说明如下：

src：需要进行形态学梯度运算的图像。

op：运算操作选择符，形态学梯度运算是 MORPH_GRADIENT。

kernel：核。

dst：目标图像，需要和原始图像有一样的尺寸和类型。

iterations：迭代次数，默认值为 1。

borderType：用于推断图像外部像素的某种边界模式。

borderValue：当边界为常数时的边界值，有默认值 morphologyDefaultBorderValue，一般不设置。

上述参数中 src、op、kernel 为必需参数，其他为可选项。

应用实例：对图像进行形态学梯度运算

```
import numpy as np
import cv2

img = cv2.imread('../images/room.jpg', 0)
kernel = cv2.getStructuringElement(cv2.MORPH_RECT, (3, 3))  #定义结构信息
result = cv2.morphologyEx(img, cv2.MORPH_GRADIENT, kernel)
cv2.imshow('gradient', np.hstack((img, result)))
cv2.waitKey(0)
cv2.destroyAllWindows()
```

形态学梯度运算的输出结果如图7－15所示，左侧是原始图像，右侧是应用形态学梯度运算之后的图像，可以看到形态学梯度运算能够识别出物体的轮廓。

图7－15 形态学梯度运算

7.6 顶帽子

顶帽子运算是计算原始图像和开运算后的图像之差，往往用来分离比临近点亮一些的斑块。在一幅图像具有大幅的背景，而微小物品比较有规律的情况下，可以使用顶帽子运算进行背景提取。

在OpenCV中使用cv2.morphologyEx()函数进行顶帽子运算，设置其中op参数为MORPH_TOPHAT，其语法格式为：

```
dst = cv2.morphologyEx(src, op, kernel, dst = None, iterations = None, borderType = None, borderValue = None)
```

主要参数说明如下：

src：需要进行顶帽子运算的图像。

op：运算操作选择符，形态学梯度运算是MORPH_ TOPHAT。

kernel：结构信息。

dst：目标图像，需要和原始图像有一样的尺寸和类型。

iterations：迭代次数，默认值为1。

borderType：用于推断图像外部像素的某种边界模式。

borderValue：当边界为常数时的边界值，有默认值 morphologyDefaultBorderValue，一般不设置。

上述参数中 src、op、kernel 为必需参数，其他为可选项。

应用实例：对图像进行顶帽子运算

```
import numpy as np
import cv2

img = cv2.imread('../images/room.jpg', 0)
kernel = cv2.getStructuringElement(cv2.MORPH_RECT, (3, 3))  # 定义结构信息
result = cv2.morphologyEx(img, cv2.MORPH_TOPHAT, kernel)

cv2.imshow('top_hat', np.hstack((img, result)))
cv2.waitKey(0)
cv2.destroyAllWindows()
```

顶帽子运算的输出结果如图 7-16 所示，左侧是原始图像，右侧是应用顶帽子运算之后的图像。

图 7-16　顶帽子运算

7.7　黑帽子

黑帽子运算是计算闭运算后的图像和原始图像之差，用来分离比临近点暗一些的斑块，计算后的结果图能够很好地识别物体轮廓。

在 OpenCV 中使用 cv2. morphologyEx( ) 函数进行黑帽子运算，设置其中 op 参数为 MORPH_BLACKHAT，其语法格式为：

```
    dst = cv2.morphologyEx(src, op, kernel, dst = None, iterations = None,
borderType = None, borderValue = None)
```

主要参数说明如下：

src：需要进行黑帽子运算的图像。

op：运算操作选择符，黑帽子运算是 MORPH_BLACKHAT。

kernel：核。

dst：目标图像，需要和原始图片有一样的尺寸和类型。

iterations：迭代次数，默认值为1。

borderType：用于推断图像外部像素的某种边界模式。

borderValue：当边界为常数时的边界值，有默认值 morphologyDefaultBorderValue，一般不设置。

上述参数中 src、op、kernel 为必需参数，其他为可选项。

应用实例：对图像进行黑帽子运算

```
import numpy as np
import cv2

img = cv2.imread('../images/room.jpg', 0)
kernel = cv2.getStructuringElement(cv2.MORPH_RECT, (5,5))  #定义结构元素
result = cv2.morphologyEx(img, cv2.MORPH_BLACKHAT, kernel)

cv2.imshow('black_hat', np.hstack((img, result)))
cv2.waitKey(0)
cv2.destroyAllWindows()
```

黑帽子运算的输出结果如图7-17所示，左侧是原始图像，右侧是应用黑帽子运算之后的图像。

图7-17 黑帽子运算

案 例

案例1：利用开运算或闭运算去除照片中的白色噪声点

假设有一张年代比较久远的照片，由于保存不当，在原本干净的图像中，多出了许多白色噪声点，可以尝试利用开运算和闭运算来解决这一问题。通过这一案例，可以更深入地理解开、闭运算的区别及使用场景。原始图片如图7-18所示。

图7-18 原始图片

首先尝试使用开运算来对图像进行处理，具体代码如下：

```
import numpy as np
import cv2
img = cv2.imread('../images/road&foot.png')
kernel = cv2.getStructuringElement(cv2.MORPH_RECT, (3, 3))  #定义结构元素
result = cv2.morphologyEx(img, cv2.MORPH_OPEN, kernel)
cv2.imshow('open', np.hstack((img, result)))
cv2.waitKey(0)
cv2.destroyAllWindows()
```

开运算运行结果如图 7-19 所示。

图7-19　开运算运行结果

可以看出图中大部分白色噪声点已经被去除干净，其他部分的图像也未受到明显影响。如果使用闭运算，对图像重新进行处理，又会得出怎样的结果呢？具体代码如下：

```
import numpy as np
import cv2
img = cv2.imread('../images/road&foot.png')
kernel = cv2.getStructuringElement(cv2.MORPH_RECT, (4, 4))  #定义结构元素
result = cv2.morphologyEx(img, cv2.MORPH_CLOSE, kernel)
cv2.imshow('close', np.hstack((img, result)))
cv2.waitKey(0)
cv2.destroyAllWindows()
```

闭运算运行结果如图 7-20 所示。

图7-20　闭运算运行结果

可以发现图中白色噪声点没有明显变化，但下面黄色油漆上的黑点明显减少。实际应用中，通常会将图像处理成黑白图像，再对感兴趣的部分进行处理或计算。利用开运算和闭运算的这些特性，可以完成不同要求的工作。

案例2：分离照片中的火焰

为自己拍摄的照片添加一个酷炫的火星飞舞的背景效果，素材库中正好有一张火焰的照片，原始图片如图7－21所示。如果想去除图中的火焰，只保留火星效果，就可以使用本章介绍的顶帽子运算。

通过分析可知，图片中的火星部分正好属于比周围亮一些的斑块，那么在这样一幅具有大幅背景、且微小物品比较有规律的图片中，顶帽子运算恰好就可以用来分离出这些比临近点亮一些的斑块。具体代码如下：

```
import numpy as np
import cv2

img = cv2.imread('../images/fire.png')
kernel = cv2.getStructuringElement(cv2.MORPH_ELLIPSE, (10,10))  #定义结构元素
result = cv2.morphologyEx(img, cv2.MORPH_TOPHAT, kernel)

cv2.imshow('top_hat', np.hstack((img, result)))
cv2.waitKey(0)
cv2.destroyAllWindows()
```

运行结果，即原始图片和去除火焰后的效果对比如图7－22所示。

图7－21　原始图片

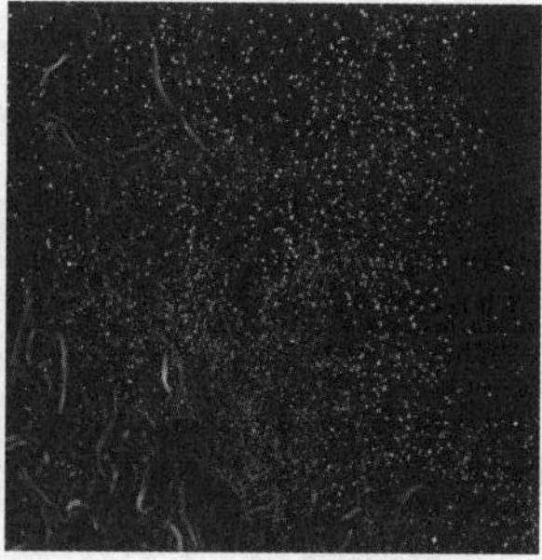

图7－22　原始图片和去除火焰后的效果对比

通过算法分离出了火星飞舞的效果，之后就可以使用相关软件，将火星与照片PS在一起，制作出属于自己的特效了。实际应用中，如果遇到类似形态的物体，也可以用该算法来进行快速提取。

习　题

1. 利用腐蚀和膨胀运算，对任意一个汉字进行加粗和变细处理。
2. 利用开运算，去除任意图片中的噪声点。
3. 利用闭运算，去除任意图片中的噪声点。
4. 对比开运算和闭运算的运算结果，总结出二者适用范围的不同之处。

第8章 直方图处理

扫码看视频

本章主要介绍利用OpenCV进行直方图处理，在OpenCV中提供了cv2. calcHist ( )，np. histogram ( )、np. bincount ( )、cv2. equalizeHist ( )、cv2. createCLAHE ( )等函数，利用这些函数及其不同参数，能够实现直方图的计算、均衡化、自适应均衡化、规定化等处理。

一幅图像由不同灰度值的像素组成，图像中灰度的分布情况是该图像的一个重要特征。图像的灰度直方图描述了图像中灰度的分布情况，能够很直观地展示出图像中各个灰度级所占的比例。直方图横轴表示像素的灰度范围（通常为0～255），纵轴表示的是像素的数量或者密度。亮暗、对比度、图像中的内容不同，直方图的表现也会不同。

直方图广泛应用于许多计算机视觉中。通过标记帧和帧之间显著的边缘和颜色的变化，来检测视频中场景的变换。通过在每个兴趣点设置一个有相近特征的直方图所构成的标签，用以确定图像中的兴趣点。边缘、色彩、角度等直方图构成了可以被传递给目标识别分类器的一个通用特征类型。色彩和边缘的直方图还可以用来识别网络视频是否被复制等。直方图是计算机视觉中经典的工具之一，也是一个很好的图像特征表示手段，如图8－1所示。

使用直方图进行图像变换是一种基于概率论的处理方法，通过改变图像的直方图，修改图像中各像素的灰度值，达到增强图像视觉效果的目的。相对于只针对单独的像素点操作的灰度变换，直方图变换综合考虑了全图的灰度值分布。

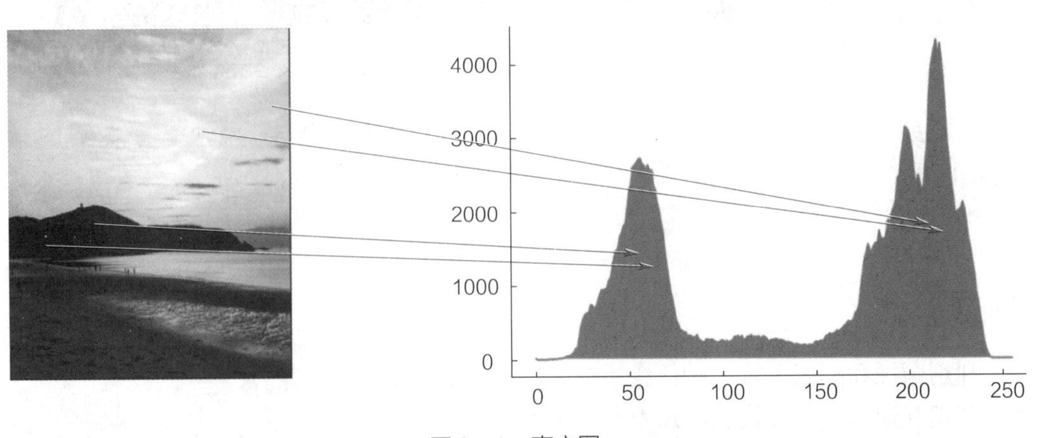

图8－1 直方图

8.1　直方图计算

8.1.1　灰色图像直方图

（1）使用OpenCV计算直方图　灰色图像的直方图计算是很简单的，需要遍历灰色图像的各个像素，统计每个像素的灰度级的个数。在OpenCV中提供了直方图的计算函数cv2.calcHist()，其函数定义如下：

```
hist = cv2.calcHist(images, channels, mask, histSize, ranges, hist = None, accumulate = None)
```

主要参数说明如下：

images：输入图像的数组，这些图像要有相同的大小、深度。

channels：计算直方图通道的索引。如果输入的是灰度图像，则其值为［0］；对于彩色图像，则可以通过［0］、［1］、［2］分别计算蓝、绿、红通道的直方图。

mask：可选的掩码，不使用时可设为空。要和输入图像具有相同的大小，在进行直方图计算的时候，只会统计该掩码不为0的对应像素。

histSize：直方图每个维度的大小。

ranges：直方图每个维度要统计的灰度级的范围，通常是［0，256］。

hist：输出的直方图。

accumulate：累积标志，默认值为False。

cv2.calcHist()函数的返回值是一个numpy数组，数组中的每个值对应于图像中像素数量和其对应的像素值。

应用实例：使用cv2.calcHist()进行直方图计算

```
import numpy as np
import cv2
img = cv2.imread('../images/room.jpg', 0)
hist = cv2.calcHist([img],[0],None,[256],[0,256])
print(type(hist),len(hist))
print(hist.tolist())
```

输出结果如下：

```
<class'numpy.ndarray'> 256
[[28.0], [29.0], [34.0], [50.0], [65.0], [58.0], [73.0], [80.0], [99.0],
[148.0],[182.0],[328.0],[530.0],[708.0],[834.0],[906.0],[785.0],[641.0],
[437.0],[259.0],[154.0],[130.0],[92.0],[72.0],[131.0],[234.0],[273.0],
[347.0],[340.0],[339.0],[380.0],[372.0],[399.0],[424.0],[402.0],[419.0],
[423.0],[405.0],[410.0],[447.0],[452.0],[452.0],[446.0],[455.0],[484.0],
```

```
[447.0],[461.0],[469.0],[524.0],[521.0],[465.0],[512.0],[520.0],[504.0],
[558.0],[602.0],[609.0],[616.0],[633.0],[737.0],[829.0],[916.0],[1019.0],
[1229.0],[1334.0],[1487.0],[1542.0],[1624.0],[1679.0],[1679.0],[1753.0],
[1851.0],[1833.0],[1788.0],[1700.0],[1509.0],[1407.0],[1278.0],[1110.0],
[1098.0],[1007.0],[1039.0],[1122.0],[1051.0],[1134.0],[1149.0],[1237.0],
[1199.0],[1268.0],[1302.0],[1368.0],[1270.0],[1361.0],[1357.0],[1390.0],
[1497.0],[1576.0],[1639.0],[1875.0],[1796.0],[1839.0],[1780.0],[1911.0],
[1901.0],[1754.0],[1665.0],[1579.0],[1580.0],[1690.0],[1745.0],[1873.0],
[1919.0],[2007.0],[2146.0],[2424.0],[2457.0],[2578.0],[2803.0],[3044.0],
[3368.0],[3439.0],[3639.0],[3743.0],[3861.0],[4026.0],[4251.0],[4361.0],
[4553.0],[4942.0],[5222.0],[5250.0],[5425.0],[5899.0],[6687.0],[7473.0],
[7579.0],[7460.0],[6356.0],[4849.0],[3814.0],[3019.0],[2674.0],[2445.0],
[2089.0],[1850.0],[1783.0],[1444.0],[1334.0],[1161.0],[1107.0],[944.0],
[899.0],[789.0],[690.0],[673.0],[689.0],[591.0],[651.0],[567.0],[601.0],
[592.0],[607.0],[534.0],[609.0],[574.0],[603.0],[608.0],[546.0],[496.0],
[415.0],[392.0],[379.0],[307.0],[320.0],[240.0],[192.0],[140.0],[93.0],
[87.0],[72.0],[73.0],[49.0],[41.0],[51.0],[59.0],[70.0],[80.0],[154.0],
[590.0],[1377.0],[1249.0],[548.0],[167.0],[82.0],[67.0],[36.0],[29.0],
[33.0],[25.0],[21.0],[19.0],[12.0],[17.0],[19.0],[15.0],[17.0],[20.0],
[6.0],[9.0],[11.0],[7.0],[10.0],[6.0],[9.0],[8.0],[7.0],[6.0],[4.0],
[7.0],[5.0],[6.0],[10.0],[4.0],[4.0],[5.0],[8.0],[7.0],[9.0],[9.0],
[14.0],[7.0],[12.0],[3.0],[12.0],[10.0],[11.0],[13.0],[8.0],[3.0],[4.0],
[4.0],[3.0],[4.0],[4.0],[6.0],[1.0],[3.0],[2.0],[1.0],[1.0],[0.0],[1.0],
[3.0],[0.0],[1.0],[2.0]]
```

从上面的运算结果可以看到，cv2.calcHist()的计算结果为一个 numpy 数组，其长度为 256，对应了 0 ~ 255 的灰度像素值范围，数组中的每一项数值表示各个像素值所对应的统计数量。

应用实例：使用 cv2.calcHist()进行直方图计算，调整 histSize 参数

histSize 参数表示直方图每个维度的大小，将其由 256 调整为 128，并查看运行结果。

```
import numpy as np
import cv2

img = cv2.imread('../images/room.jpg', 0)

hist = cv2.calcHist([img], [0], None, [256], [0, 256])
print(type(hist), len(hist))
print(hist.tolist())

# 将 histSize 修改为 128,对应的结果数组的长度也变为 128
hist1 = cv2.calcHist([img], [0], None, [128], [0, 256])
print(type(hist1), len(hist1))
print(hist1.tolist())
```

修改 histSize 参数的输出结果如图 8－2 所示。

```
01_直方图计算
"E:\Program Files\Python36\python.exe" D:/PythonWorksapces/OpenCV/Ch10_直方图处理/01_直方图计算.py
<class 'numpy.ndarray'> 256
[[28.0], [29.0], [34.0], [50.0], [65.0], [58.0], [73.0], [80.0], [99.0], [148.0], [182.0], [328.0],
<class 'numpy.ndarray'> 128
[[57.0], [84.0], [123.0], [153.0], [247.0], [510.0], [1238.0], [1740.0], [1426.0], [696.0], [284.0],
```

图 8－2 修改 histSize 参数

从结果可以看出，直方图计算结果的数组长度为 128，数组中每一项的值发生变化，每一项统计像素值的统计数量是前面运行结果的两项和，例如，第一个像素统计值 57，是前面运行结果前两项 28、29 的和。

（2）使用 NumPy 进行直方图计算　NumPy 提供两个函数 np. histogram( ) 和 np. bincount( )，同样可以进行直方图的计算，下面分别看一下两个函数的定义和使用方法。

```
hist,bin_edges = np. histogram(a, bins = 10, range = None, normed = None, weights =
None,density = None):
```

主要参数说明如下：

a：待统计数据的数组。

bins：指定统计的区间个数。

range：一个长度为 2 的元组，表示统计范围的最小值和最大值，默认值为 None，表示范围由数据的范围决定。

weights：为数组的每个元素指定了权值，np. histogram( ) 会对区间中数组所对应的权值进行求和。

density：为 True 时，返回每个区间的概率密度；为 False，返回每个区间中元素的个数。

```
hist = np.bincount(x, weights = None, minlength = None)
```

主要参数说明如下：

x：待统计数据的数组。

weights：为数组的每个元素指定了权值。

minlength：计算结果数组的最小长度。

应用实例：使用 np. histogram( ) 计算直方图

在计算直方图前，需要先使用 ravel( ) 函数将图像数据展平变换为一维数据，之后设置统计区间个数为 256（灰度图范围 0～255）。

```
import numpy as np
import cv2
    """
```

```
使用 Numpy.histogram 计算直方图
    """
img = cv2.imread('../images/room.jpg', 0)
hist, bins = np.histogram(img.ravel(), 256, [0, 256])
print(type(hist), len(hist))
print(hist.tolist())
```

输出结果如下，可以看出其结果与 cv2. calcHist( )得出的直方图结果相同。

```
<class 'numpy.ndarray'> 256
[28, 29, 34, 50, 65, 58, 73, 80, 99, 148, 182, 328, 530, 708, 834, 906, 785, 641, 437,
259, 154, 130, 92, 72, 131, 234, 273, 347, 340, 339, 380, 372, 399, 424, 402, 419, 423,
405, 410, 447, 452, 452, 446, 455, 484, 447, 461, 469, 524, 521, 465, 512, 520, 504, 558,
602, 609, 616, 633, 737, 829, 916, 1019, 1229, 1334, 1487, 1542, 1624, 1679, 1679,
1753, 1851, 1833, 1788, 1700, 1509, 1407, 1278, 1110, 1098, 1007, 1039, 1122, 1051,
1134, 1149, 1237, 1199, 1268, 1302, 1368, 1270, 1361, 1357, 1390, 1497, 1576, 1639,
1875, 1796, 1839, 1780, 1911, 1901, 1754, 1665, 1579, 1580, 1690, 1745, 1873, 1919,
2007, 2146, 2424, 2457, 2578, 2803, 3044, 3368, 3439, 3639, 3743, 3861, 4026, 4251,
4361, 4553, 4942, 5222, 5250, 5425, 5899, 6687, 7473, 7579, 7460, 6356, 4849, 3814,
3019, 2674, 2445, 2089, 1850, 1783, 1444, 1334, 1161, 1107, 944, 899, 789, 690, 673,
689, 591, 651, 567, 601, 592, 607, 534, 609, 574, 603, 608, 546, 496, 415, 392, 379, 307,
320, 240, 192, 140, 93, 87, 72, 73, 49, 41, 51, 59, 70, 80, 154, 590, 1377, 1249, 548,
167, 82, 67, 36, 29, 33, 25, 21, 19, 12, 17, 19, 15, 17, 20, 6, 9, 11, 7, 10, 6, 9, 8, 7, 6,
4, 7, 5, 6, 10, 4, 4, 5, 8, 7, 9, 9, 14, 7, 12, 3, 12, 10, 11, 13, 8, 3, 4, 4, 3, 4, 4, 6, 1, 3,
2, 1, 1, 0, 1, 3, 0, 1, 2]
```

应用实例：使用 np. bincount( ) 计算直方图

```
import numpy as np
import cv2
img = cv2.imread('../images/room.jpg', 0)
    """
使用 np.histogram()计算直方图
    """
hist, bins = np.histogram(img.ravel(), 256, [0, 256])
print(type(hist), len(hist))
print(hist.tolist())
    """
使用 np.bincount()计算直方图
    """
hist = np.bincount(img.ravel(), minlength=256)
print(type(hist), len(hist))
print(hist.tolist())
```

np. bincount( )计算直方图的输出结果如图 8 - 3 所示，可以看出使用 histogram 和 bincount 两者计算结果相同，都能够计算得到直方图。

```
<class 'numpy.ndarray'> 256
[28, 29, 34, 50, 65, 58, 73, 80, 99, 148, 182, 328, 530, 708, 834, 906, 785, 641, 437, 259, 154, 130, 92, 72, 131, 234, 273,
<class 'numpy.ndarray'> 256
[28, 29, 34, 50, 65, 58, 73, 80, 99, 148, 182, 328, 530, 708, 834, 906, 785, 641, 437, 259, 154, 130, 92, 72, 131, 234, 273,
```

图 8 - 3　np. bincount ( ) 计算直方图

8.1.2　彩色图像直方图

彩色图像直方图和灰度图像直方图的原理是一样的，由于彩色图像由红色、绿色、蓝色三个通道组成，因此在计算彩色图像直方图时需要分别计算 BRG 三个通道的直方图。在 OpenCV 的 cv2. calHist( ) 函数中，第二个参数为 channels，对于彩色图像，可以通过设置 channels 参数值为 [0]、[1]、[2] 来分别计算蓝、绿、红通道的直方图。下面通过应用案例来展示如何计算彩色图像直方图。

应用实例：使用 cv2. calcHist( ) 函数，并设置 channels 参数，计算彩色图像直方图

```
import numpy as np
import cv2

img = cv2.imread('../images/room.jpg')
# 彩色图像需要分别计算 BRG 三通道的直方图
colors = ('blue','red','green')
for i, color in enumerate(colors):
    hist = cv2.calcHist([img], [i], None, [256], [0, 256])  # 设置 channels 参数,
计算各通道的直方图
    print(f'{color} channel: {hist.tolist()}')
```

在案例代码中，设置 colors 为元组，其中包括三个元素，表示彩色图像 BGR 三通道。使用 for 循环来分别计算每个通道的直方图数值，在调用 cv2. calcHist( ) 函数时将 channels 参数设置为循环遍历 i。彩色图像直方图计算输出结果如图 8 - 4 所示。

```
blue channel: [[126.0], [50.0], [51.0], [54.0], [73.0], [72.0], [74.0], [73.0], [88.0], [134.0], [169.0], [208.0], [274.0], [405.0], [535.0], [672
red channel: [[10.0], [15.0], [29.0], [30.0], [38.0], [46.0], [43.0], [53.0], [80.0], [93.0], [140.0], [183.0], [328.0], [544.0], [684.0], [819.0]
green channel: [[254.0], [77.0], [68.0], [86.0], [76.0], [110.0], [156.0], [219.0], [333.0], [520.0], [678.0], [771.0], [807.0], [776.0], [691.0],
```

图 8 - 4　彩色图像直方图计算

8.2　直方图绘制

8.2.1　使用 Matplotlib 绘制直方图

使用 Matplotlib 绘制曲线图的时候，会用到 pyplot 模块的 plot( ) 函数，此函数可以同时绘制一条或多条曲线。在前面章节中已经学习了可以使用 cv2. calcHist( ) 方法计算出图像直方

图，其结果是一个 numpy 数组，通常情况下数组长度是 256。那么，就可以使用 plot( ) 函数，传递对应的直方图数组，进行直方图绘制。

应用实例：使用 pyplot. plot( ) 绘制灰度图像直方图

```
import cv2
import matplotlib.pyplot as plt

img = cv2.imread('../images/sea.jpg', cv2.IMREAD_GRAYSCALE)
hist = cv2.calcHist([img], [0], None, [256], [0, 256])

    """
使用 Matplotlib 绘制直方图
设置两个画布区域,左侧绘制灰度图像,右侧绘制图像直方图
使用 plot() 函数进行直方图绘制,并调用 fill() 函数填充颜色
    """
fig, axes = plt.subplots(1, 2, figsize=(12, 4))

axes[0].imshow(img, 'gray')
axes[0].set_xticks([])
axes[0].set_yticks([])

axes[1].plot(hist, color='#888888')
axes[1].fill(hist, '#888888')

plt.show()
```

在前面的案例中，绘制直方图曲线时，设置了曲线颜色为灰色，其颜色编码为#888888，并使用 fill 函数，在直方图曲线下方进行颜色填充，填充颜色同样为灰色。使用 plot( ) 函数绘制直方图的运行结果如图 8-5 所示。

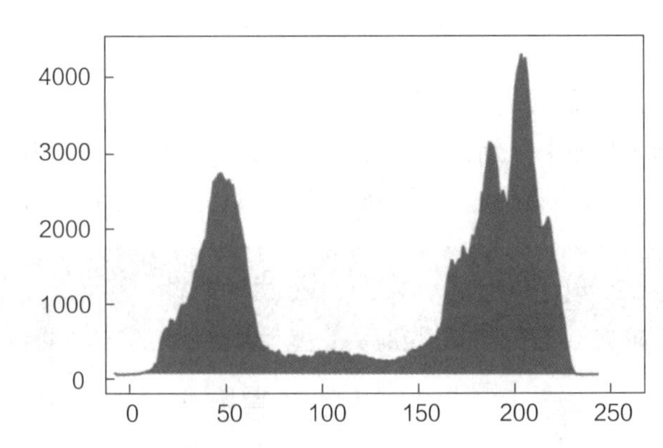

图 8-5 使用 plot ( ) 函数绘制直方图

观察左侧图像，此幅图像中的山部分较暗，天空和大海部分较亮，两部分像素值存在明显分界线；通过观察右侧直方图绘制结果，可以看到在灰度值 50 和 210 附近，出现了两个波峰，说明在此灰度值附近像素点较集中，与图像观测结果相符合。

应用实例：使用 pyplot. hist( ) 绘制灰度图像直方图

Matplotlib 提供了一个直方图绘制函数 matplotlib. pyplot. hist( )，接下来通过案例来看一下其使用方法。

```
import cv2
import matplotlib.pyplot as plt

img = cv2.imread('../images/sea.jpg', cv2.IMREAD_GRAYSCALE)

fig, axes = plt.subplots(1, 2, figsize=(12, 4))

axes[0].imshow(img, 'gray')
axes[0].set_xticks([])
axes[0].set_yticks([])
#使用 hist 函数进行直方图绘制
#img.ravel():将图像数据转换为一维数组
#256:指定直方条(分箱)的个数,也就是总共有几条柱
#[0, 256]:指定像素值范围
axes[1].hist(img.ravel(), 256, [0, 256], color='#888888')

plt.show()
```

使用 hist( ) 函数绘制直方图的运行结果如图 8－6 所示。

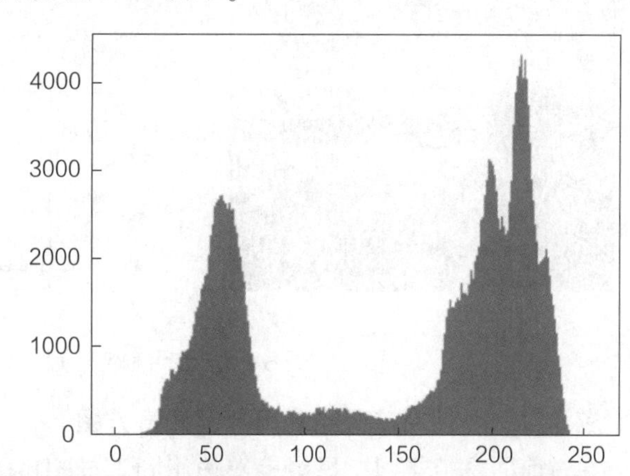

图 8－6　使用 hist( ) 函数绘制直方图

与图 8－5 对比可以看出，使用 hist( ) 函数绘制的直方图不光滑，因为 hist( ) 函数是统计每个像素值的数量，并绘制一个个柱状图，而 plot( ) 函数是根据像素值的数量绘制一条连续的曲线。可以根据实际需要进行选择，决定采用哪种方式进行直方图绘制。

应用实例：使用 pyplot. plot( ) 绘制彩色图像直方图

在前面章节中，已经了解计算彩色图像直方图的方法，在进行直方图绘制时，也需要分别计算 BRG 三个通道的直方图，并通过 plot( ) 绘图函数进行各通道直方图绘制。具体案例代码如下：

```
import numpy as np
import cv2
import matplotlib.pyplot as plt

img = cv2.imread('../images/sea.jpg')

fig, axes = plt.subplots(1, 2, figsize=(12, 4))
axes[0].imshow(cv2.cvtColor(img, cv2.COLOR_BGR2RGB))
axes[0].set_xticks([])
axes[0].set_yticks([])
# 绘制 BGR 通道的直方图
colors = ('blue','red','green')
for i, color in enumerate(colors):
    hist = cv2.calcHist([img], [i], None, [256], [0, 256])
    axes[1].plot(hist, color=color)
plt.show()
```

使用 plot( ) 绘制彩色图像直方图运行结果如图 8-7 所示。

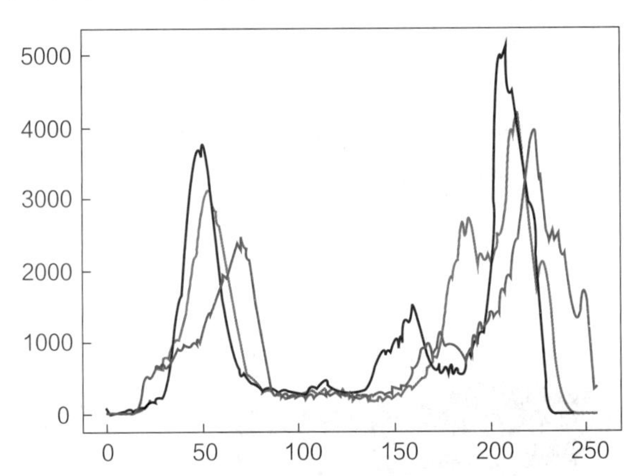

图 8-7　使用 plot ( ) 绘制彩色图像直方图

应用实例：使用掩码绘制局部图像直方图

通过前面章节学习，已经能够使用 cv2. calcHist( ) 函数来计算完整图像的直方图，并使用 matplotlib. pyplot. plot( ) 来绘制直方图的可视化图像。如果仅想绘制图像中一部分区域的直方图该如何操作呢？可以创建一个掩码，其中白色区域代表感兴趣的区域，黑色区域则代表不感兴趣的区域，然后将掩码传递给 mask 参数。

```
import cv2
import matplotlib.pyplot as plt
import numpy as np

img = cv2.imread('../images/sea.jpg', 0)
# 创建一个掩码,255 代表白色
mask = np.zeros(img.shape, np.uint8)
```

```
mask[200:360, 200:400] = 255
#将掩码应用到原始图像上
img_mask = cv2.bitwise_and(img, img, mask=mask)
#分别计算没有掩码和有掩码的图像直方图值
hist1 = cv2.calcHist([img], [0], None, [256], [0, 256])
hist2 = cv2.calcHist([img], [0], mask, [256], [0, 256])
#创建一个2×2的画布
#左上角为完整图像,右上角为掩码
#左下角为掩码处理后的局部图像,右下角为完整图像和局部图像的直方图
fig, axes = plt.subplots(2, 2, figsize=(8, 6))
axes[0][0].imshow(img,'gray')
axes[0][1].imshow(mask,'gray')
axes[1][0].imshow(img_mask,'gray')
axes[1][1].plot(hist1, color='red', label='Orig')
axes[1][1].plot(hist2, color='green', label='Mask')
plt.legend()
plt.show()
```

使用掩码绘制局部图像直方图的运行结果如图8-8所示。

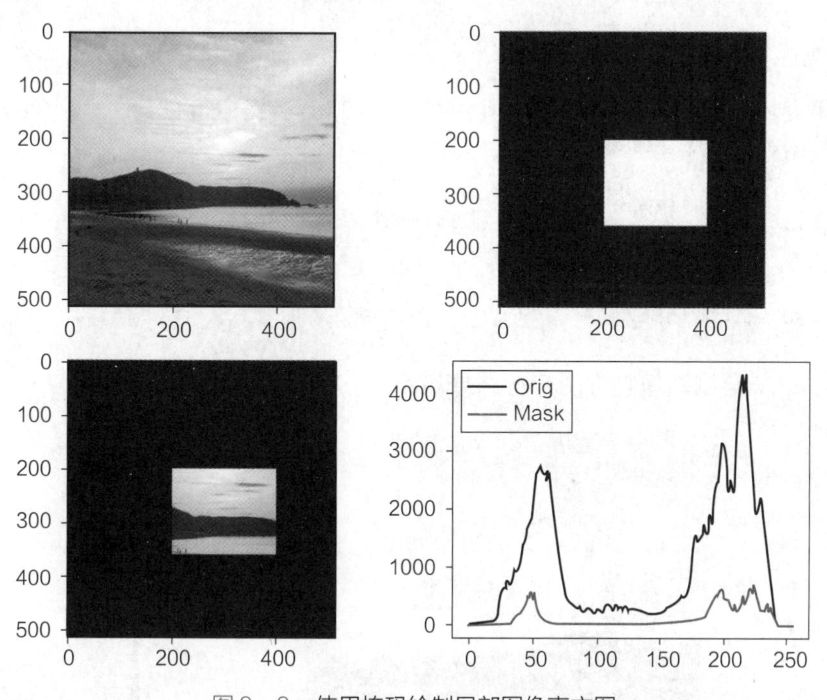

图8-8　使用掩码绘制局部图像直方图

8.2.2　使用OpenCV绘制直方图

直方图绘制的思路是先计算得出图像直方图数据，然后根据每个像素值的统计数据，绘制出连续的曲线，从而表示图像中各个像素值的分布情况。使用OpenCV进行直方图绘制时，

可以使用 cv2. line( ) 函数或 cv2. polyline( ) 函数来生成与前述相同的直方图。

应用实例：使用 cv2. line( ) 绘制直方图

```
import cv2
import numpy as np

def hist_lines(img):
    """
    使用 OpenCV 进行直方图绘制
    :param img:
    :return:
    """
    #1. 计算图像直方图，并进行正则化处理
    hist_item = cv2.calcHist([img], [0], None, [256], [0, 256])
    cv2.normalize(hist_item, hist_item, 0, 255, cv2.NORM_MINMAX)
    #2. 生成白色背景图片
    h = np.ones(img.shape) * 255
    #3. 根据直方图中每个像素值的统计数据，画一条对应的黑色线
    for x, y in enumerate(hist_item):
        cv2.line(h, (x, 0), (x, y[0]), color = (0, 0, 0))
    y = np.flipud(h)
    return y

img = cv2.imread('../images/sea.jpg', cv2.IMREAD_GRAYSCALE)
hist = hist_lines(img)
cv2.imshow('img', img)
cv2.imshow('histogram', hist)
cv2.waitKey(0)
cv2.destroyAllWindows()
```

使用 OpenCV 绘制图像直方图运行结果如图 8－9 所示。

图 8－9　使用 OpenCV 绘制图像直方图

8.3　直方图均衡化

8.3.1　全局均衡化

直方图均衡化是图像处理中的基本方法，其作用强大，是一种经典算法。直方图均衡化是将原图像通过某种变换，得到一幅灰度直方图为均匀分布的新图像的方法，其主要思想是对在图像中像素个数多的灰度级进行拓宽，对像素个数少的灰度级进行缩减，从而将图像直方图分布变成近似均匀分布，达到增强图像的对比度、使图像变清晰的目的。直方图均衡化原理如图 8-10 所示。

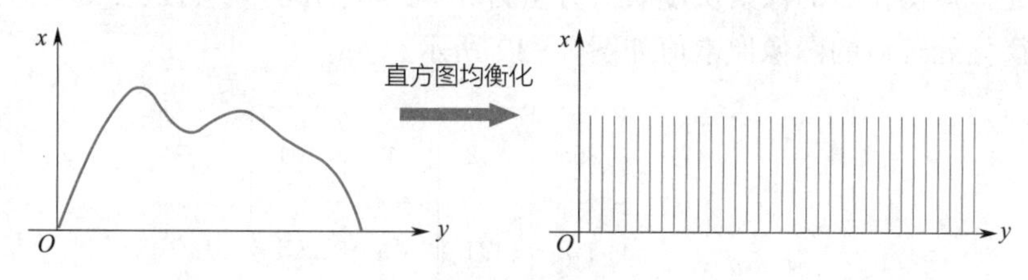

图 8-10　直方图均衡化原理

下面通过一个简单的例子来说明直方图均衡化的工作原理。例如，对一张大小为 4×4 的灰度图像进行均衡化处理，此图像共包含 4×4=16 个像素点，每个像素值的范围是 0~255。图 8-11 是灰度图像像素值。

255	100	100	200
100	200	0	255
100	200	0	255
200	0	200	255

图 8-11　4×4 灰度图像像素值举例

直方图均衡化的过程本质上是寻找一个映射函数，将原始图像每个像素经过映射函数处理，得到新的像素灰度值，实现均衡化处理。直方图均衡化使用的映射方法为：

$$CDF(S_k) = \sum_{i=0}^{k} \frac{n_i}{n}$$

$$D_j = L * CDF(S_i)$$

式中，n 是图像中像素数量总和，n_i 是灰度值 S_k 的像素个数，D_j 是均衡后目标图像的像素，$CDF(S_i)$ 是原始图像灰度值为 i 的累积概率分布，L 是原始图像中最大灰度值。

对于上面的图像来说，图像中包括 0、100、200、255 这 4 个像素灰度值，因此 L 为 255。可以通过图像信息，计算累积分布情况，并进行映射处理，得到如下结果，见表 8-1。

表8-1 图像像素值映射结果

像素灰度值	像素数量	概率	累积概率	灰度值映射（累积概率×255）	取整（四舍五入）
0	3	0.1875	0.1875	47.8125	48
100	4	0.25	0.4375	111.5625	112
200	5	0.3125	0.75	191.25	191
255	4	0.25	1	255	255

因此，均衡化后的像素灰度映射方法为0—>48，100—>112，200—>191，255—>255，得到均衡化处理后的图像像素值如图8-12所示。

255	112	112	191
112	191	48	255
112	191	48	255
191	48	191	255

图8-12 均衡化处理后的图像像素值

了解了均衡化原理后，接下来学习在OpenCV中如何进行直方图均衡化操作，OpenCV提供了直方图均衡化的计算函数cv2.equalizeHist()，其函数定义如下：

```
dst = cv2.equalizeHist(src, dst = None)
```

主要参数说明如下：

src：输入图像。

dst：均衡后的输出图像，需要和源图像有一样的尺寸和类型，默认为None。

应用实例：图像直方图全局均衡化处理

```
import numpy as np
import cv2
import matplotlib.pyplot as plt

img = cv2.imread('../images/sea_gray.jpg', cv2.IMREAD_GRAYSCALE)

# 调用 cv2.equalizeHist()实现全局均衡化
img_equal = cv2.equalizeHist(img)
# 分别计算原始图像直方图和均衡化图像直方图
hist1 = cv2.calcHist([img], [0], None, [256], [0, 256])
hist2 = cv2.calcHist([img_equal], [0], None, [256], [0, 256])
```

```
#使用Matplotlib进行展示,设置2×2的画布
#展示原始图像、均衡化图像、原始图像直方图、均衡化图像直方图
fig, axes = plt.subplots(2, 2, figsize=(8, 6))
axes[0][0].imshow(img,'gray')
axes[0][1].imshow(img_equal,'gray')
axes[1][0].plot(hist1)
axes[1][1].plot(hist2)

plt.show()
```

运行结果即直方图均衡化效果对比如图 8-13 所示。

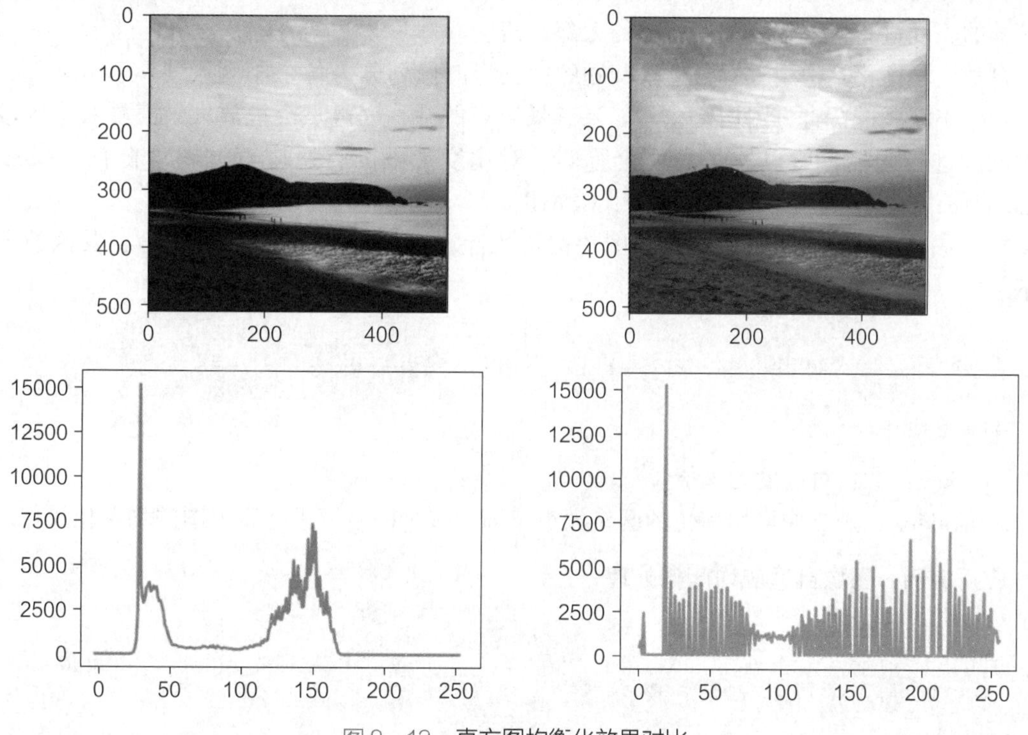

图8-13 直方图均衡化效果对比

从图 8-13 中可以看出，原始图像较暗，图像中各个部分看不清楚，通过直方图均衡化处理后，右上角的均衡化结果图片更加明亮、清晰，各部分间的边界更加明显，一些纹理也显现了出来。对两个直方图进行对比，左下角为原始图像直方图，可以看出像素值分布不均匀，有明暗两个波峰，其他像素值数量很少；右下角为均衡后直方图，可以看出像素值分布变得均匀，所以能够增强图像的对比度，使图像变得清晰。

8.3.2 自适应均衡化

在前面的直方图均衡化案例中，考虑的是图像全局直方图的均衡处理，但在很多情况下，对于全局直方图进行均衡化处理并不一定是个好主意。例如，图 8-14 显示的是一幅图像及其经过全局直方图均衡后的对比效果。

图8-14 全局均衡化缺点

直方图均衡化后的背景对比度确实有所提高，但是可以看出经过全局均衡化处理后，雕塑脸部的亮度过高，导致丢失了脸部的大部分信息。

自适应均衡化就是用来解决这一问题的，它将图像划分为各个小区域（默认8×8），然后对每个小区域进行直方图均衡化。如果有噪声点的话，噪声点会被放大，需要对小区域内的对比度进行限制，所以这个算法全称叫：对比度受限的自适应直方图均衡化（Contrast Limited Adaptive Histogram Equalization，CLAHE）。

在 OpenCV 中提供了自适应直方图均衡化的计算函数 cv2. createCLAHE( )，其函数定义如下：

```
clahe = cv2.createCLAHE(clipLimit = None, tileGridSize = None)
```

主要参数说明如下：

clipLimit：颜色对比度的阈值。

tileGridSize：进行像素均衡化的网格大小，即在多少网格下进行直方图的均衡化操作。

应用实例：图像自适应均衡化处理

```
import cv2
import matplotlib.pyplot as plt

img = cv2.imread('../images/head.jpg', 0)

# 全局均衡化处理
img_equal = cv2.equalizeHist(img)
# 自适应均衡化,参数可选
# clipLimit 颜色对比度的阈值
# titleGridSize 进行像素均衡化的网格大小,即在多少网格下进行直方图的均衡化操作
clahe = cv2.createCLAHE(clipLimit = 2.0, tileGridSize = (8, 8))  # todo: 调整参数,对比效果
img_clahe = clahe.apply(img)
hist1 = cv2.calcHist([img_equal], [0], None, [256], [0, 256])
hist2 = cv2.calcHist([img_clahe], [0], None, [256], [0, 256])
# 使用 Matplotlib 进行展示,设置 2 ×2 的画布
# 展示全局均衡化图像、自适应均衡化图像、全局均衡化直方图、自适应均衡化直方图
```

```
fig, axes = plt.subplots(2, 2, figsize=(8, 6))
axes[0][0].imshow(img_equal,'gray')
axes[0][1].imshow(img_clahe,'gray')
axes[1][0].plot(hist1)
axes[1][1].plot(hist2)
plt.show()
```

自适应直方图均衡化的运行结果如图8－15所示。

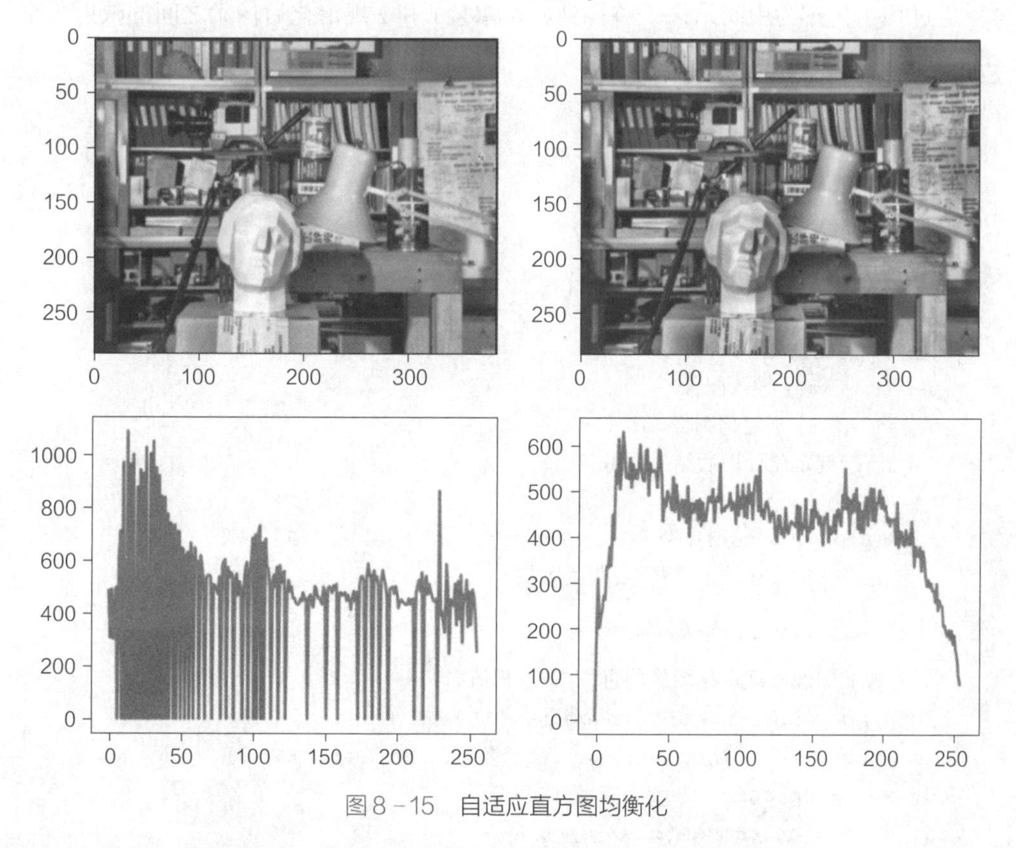

图8－15 自适应直方图均衡化

从上面两张图表对比可以看出，自适应直方图均衡化处理能够更好地保留雕塑脸部信息，同时通过两张图片的直方图可以看出，自适应直方图均衡化处理后，图像直方图更加平滑和均衡。

8.4 直方图规定化

直方图规定化，也叫作直方图匹配，用于将图像变换为某一特定的直方图分布。这其实和均衡化相似，均衡化后的灰度直方图是一个均匀分布的直方图，而规定化后的直方图由用户指定的目标直方图决定。也就是在执行规定化操作时，首先要知道变换后的图像直方图分布，然后根据原始图像和变换后的目标图像来确定变换函数。规定化处理能够有目的地增强某个灰度区间，相比于均衡化处理，规定化处理多了一个输入，但是其变换后的结果也更灵活。

在理解了直方图规定化原理后，直方图规定化处理过程也较为简单，可以利用均衡化后的直方图作为一个中间过程，然后求取规定化的变换函数。具体步骤如下：

1）将原始图像进行均衡化，得到变换函数 $s = T(r)$，其中 s 是均衡化后像素，r 是原始像素。

2）对规定的直方图进行均衡化，得到变换函数 $v = G(z)$，其中 v 是均衡化后的像素，z 是规定化的像素。

3）上面都是对同一图像的均衡化，其结果应该是相等的，$s = v$，且 $z = G^{-1}(v) = G^{-1}(T(r))$。

4）通过均衡化作为中间结果，将得到原始像素 r 和 z 规定化后像素之间的映射关系。

应用实例：灰色图像规定化处理

```
import cv2
import matplotlib.pyplot as plt
import numpy as np

def specification_transfer_gray(image, spec):
    """
    灰色图像定化处理
    :param image: 输入图像
    :param spec: 规定化图像
    :return: 规定化处理后结果图像
    """
    if len(image.shape) >= 3 or len(spec.shape) >= 3:
        raise ValueError("需要灰度图像")

    out = np.zeros_like(image)
    # 计算原始图像和规定化图像的直方图、累积值
    hist_img = np.bincount(image.ravel(), minlength=256)
    hist_spec = np.bincount(spec.ravel(), minlength=256)
    cdf_img = np.cumsum(hist_img)
    cdf_spec = np.cumsum(hist_spec)
    # 规定化处理算法
    for j in range(256):
        cdf_diff = abs(cdf_img[j] - cdf_spec)  # 计算原始图像和规定化图像的差的绝对值
        cdf_diff = cdf_diff.tolist()
        idx = cdf_diff.index(min(cdf_diff))  # 找出 cdf_diff 中最小的数,得到这个
数的索引
        out[:, :][image[:, :] == j] = idx
    return out

# 读取原始灰度图像和目标灰度图像
room = cv2.imread('../images/room.jpg', 0)
sea = cv2.imread('../images/sea.jpg', 0)
```

```
#进行规定化变换
spec = specification_transfer_gray(room, sea)
#分别计算原始图像、目标图像和规定化处理图像的直方图
room_hist = cv2.calcHist([room], [0], None, [256], [0, 256])
sea_hist = cv2.calcHist([sea], [0], None, [256], [0, 256])
spec_hist = cv2.calcHist([spec], [0], None, [256], [0, 256])
#使用 Matplotlib 进行展示
fig, axes = plt.subplots(2, 3, figsize = (9, 6))
axes[0][0].imshow(room, 'gray')
axes[0][1].imshow(sea, 'gray')
axes[0][2].imshow(spec, 'gray')
axes[1][0].plot(room_hist)
axes[1][1].plot(sea_hist)
axes[1][2].plot(spec_hist)
plt.show()
```

灰度图像规定化处理的运行结果如图 8 - 16 所示。

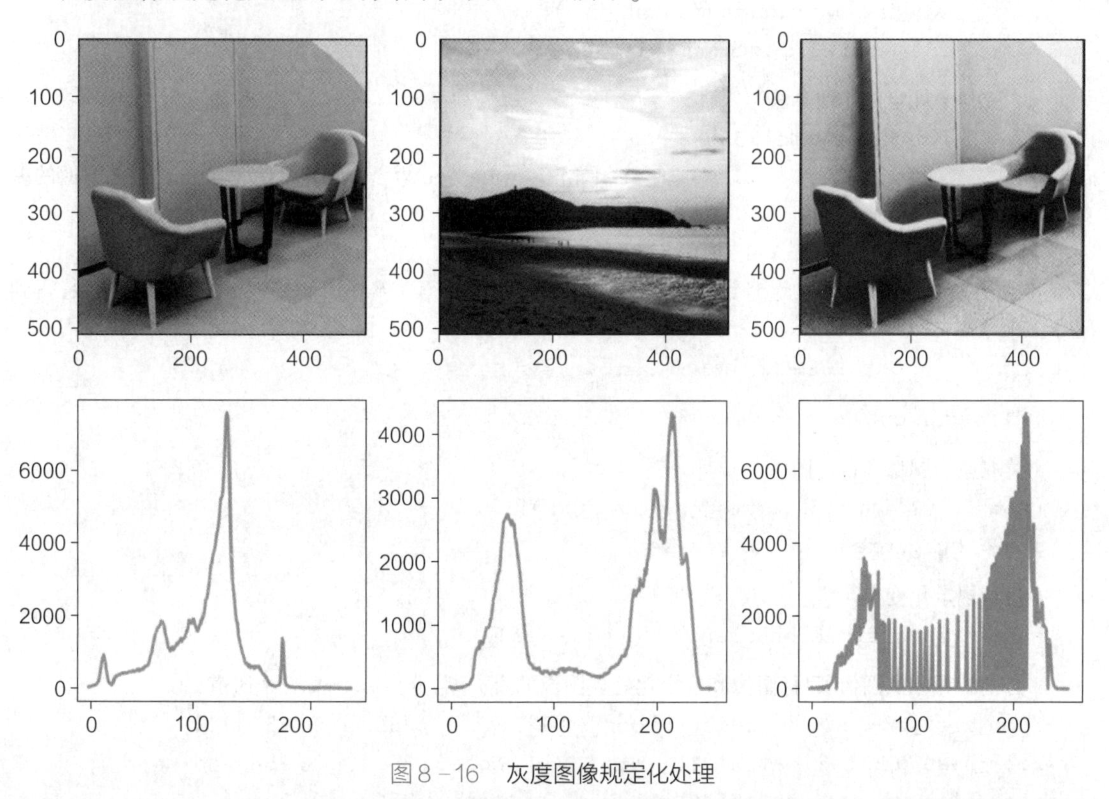

图 8 - 16　灰度图像规定化处理

从图 8 - 16 中可以看出，原始图像经过规定化处理后，灰度分布发生了变换，通过其直方图展示可以直观看到，右下角的规定化处理后图像的直方图分布和目标图像（中间）的直方图分布相似。

应用实例：彩色图像规定化处理

```
import cv2
import matplotlib.pyplot as plt
import numpy as np

def specification_transfer(image, spec):
    """
    彩色图像规定化处理
    :param image: 输入图像
    :param spec: 规定化图像
    :return: 规定化处理后结果图像
    """
    out = np.zeros_like(image)
    _, _, ch = image.shape
    for i in range(ch):
        # 计算原始图像和规定化图像的直方图、累积值
        hist_img = np.bincount(image[:, :, i].ravel(), minlength=256)
        hist_spec = np.bincount(spec[:, :, i].ravel(), minlength=256)
        cdf_img = np.cumsum(hist_img)
        cdf_spec = np.cumsum(hist_spec)
        # 规定化处理算法
        for j in range(256):
            cdf_diff = abs(cdf_img[j] - cdf_spec)  # 计算原始图像和规定化图像的差的绝对值
            cdf_diff = cdf_diff.tolist()
            idx = cdf_diff.index(min(cdf_diff))  # 找出 cdf_diff 中最小的数,得到这个数的索引
            out[:, :, i][image[:, :, i] == j] = idx
    return out
# 读取原始图像和目标图像
room = cv2.imread('../images/room.jpg')
sea = cv2.imread('../images/sea.jpg')
# 进行规定化变换
spec = specification_transfer(room, sea)
# 分别计算原始图像、目标图像和规定化处理图像的直方图,分为 B、G、R 三个通道
room_hist_b = cv2.calcHist([room], [0], None, [256], [0, 256])
room_hist_g = cv2.calcHist([room], [1], None, [256], [0, 256])
room_hist_r = cv2.calcHist([room], [2], None, [256], [0, 256])
sea_hist_b = cv2.calcHist([sea], [0], None, [256], [0, 256])
sea_hist_g = cv2.calcHist([sea], [1], None, [256], [0, 256])
sea_hist_r = cv2.calcHist([sea], [2], None, [256], [0, 256])
```

```
spec_hist_b = cv2.calcHist([spec], [0], None, [256], [0, 256])
spec_hist_g = cv2.calcHist([spec], [1], None, [256], [0, 256])
spec_hist_r = cv2.calcHist([spec], [2], None, [256], [0, 256])
#使用 Matplotlib 进行展示
fig, axes = plt.subplots(2, 3, figsize=(9, 6))
axes[0][0].imshow(cv2.cvtColor(room, cv2.COLOR_BGR2RGB))
axes[0][1].imshow(cv2.cvtColor(sea, cv2.COLOR_BGR2RGB))
axes[0][2].imshow(cv2.cvtColor(spec, cv2.COLOR_BGR2RGB))
axes[1][0].plot(room_hist_b, color='b')
axes[1][0].plot(room_hist_g, color='g')
axes[1][0].plot(room_hist_r, color='r')
axes[1][1].plot(sea_hist_b, color='b')
axes[1][1].plot(sea_hist_g, color='g')
axes[1][1].plot(sea_hist_r, color='r')
axes[1][2].plot(spec_hist_b, color='b')
axes[1][2].plot(spec_hist_g, color='g')
axes[1][2].plot(spec_hist_r, color='r')
plt.show()
```

彩色图像规定化处理的运行结果如图 8-17 所示。

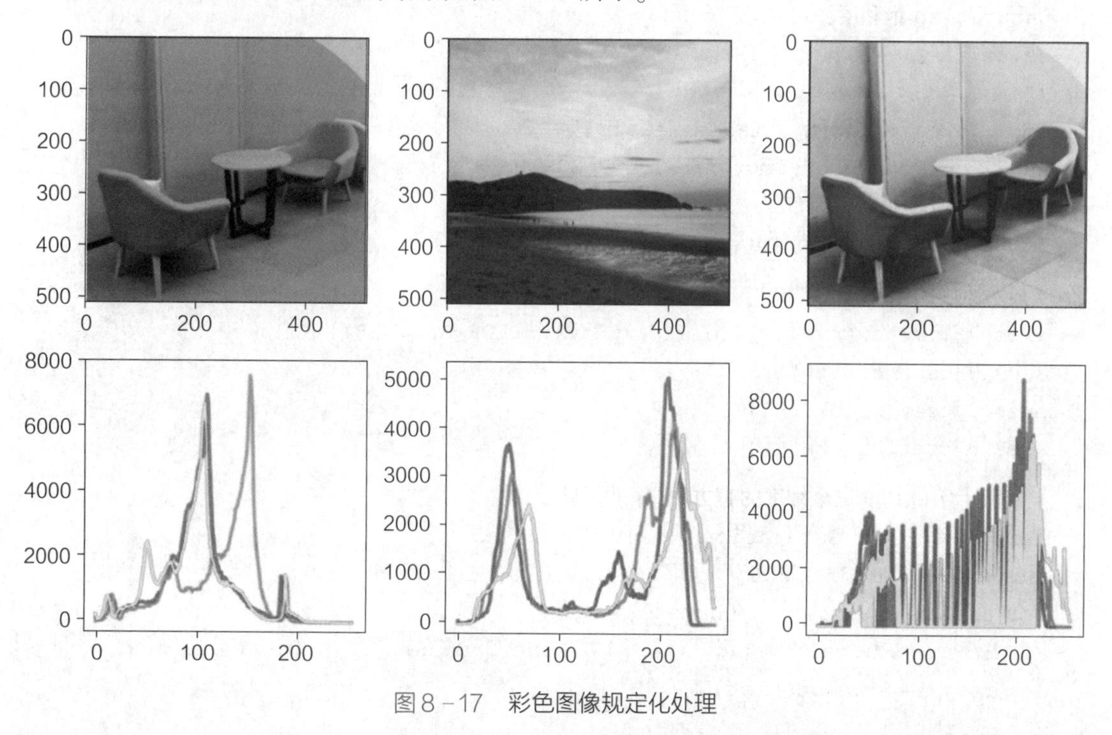

图8-17　彩色图像规定化处理

从图 8-17 中可以看出，原始图像经过规定化处理后，各个通道的灰度分布发生了变换，其颜色发生了对应的变化。通过其直方图展示可以直观地看到，右下角的规定化处理后图像的直方图分布和目标图像（中间）的直方图分布相似。

案例

案例 1：计算 HSV 直方图

在前面的章节中，主要学习的是计算并绘制灰度图像或 RGB 图像的直方图，但是这些色彩空间过于抽象，不能够直接通过它们的值来感知具体的色彩，而是更习惯使用直观的方式来感知颜色，HSV 色彩空间提供了这样的方式。通过 HSV 色彩空间，能够更加方便地通过色调、饱和度和亮度来感知颜色。

在此案例中，计算 HSV 色彩空间的直方图数据，分别绘制色调、饱和度和亮度三个维度的直方图可视化图像。在计算 HSV 直方图时，需要注意的是色调、饱和度和亮度三者具有不同的取值范围：

- Hue 色调：0 ~ 180。
- Saturation 饱和度：0 ~ 255。
- Value 亮度：0 ~ 255。

```
import cv2
import matplotlib.pyplot as plt
"""
Hue 色调：0 ~180
Saturation 饱和度：0 ~255
Value 亮度：0 ~255
"""
img = cv2.imread('../images/sea.jpg')
hsv = cv2.cvtColor(img, cv2.COLOR_BGR2HSV)
# 生成 Matplotlib 画布
fig, axes = plt.subplots(1, 4, figsize=(12, 4))
# 显示原始图像
axes[0].imshow(cv2.cvtColor(img, cv2.COLOR_BGR2RGB))
axes[0].set_title("Orig")
axes[0].set_xticks([])
axes[0].set_yticks([])
# 分别计算 H、S、V 三个维度的直方图,并进行显示
names = ['Hue','Saturation','Value']
values = [180, 256, 256]
for i, name in enumerate(names):
    hist = cv2.calcHist([hsv], [i], None, [values[i]], [0, values[i]])
    axes[i+1].plot(hist)
    axes[i+1].set_title(name)
    axes[i+1].set_xticks([])
    axes[i+1].set_yticks([])
plt.show()
```

案例运行结果，即 HSV 直方图如图 8-18 所示。

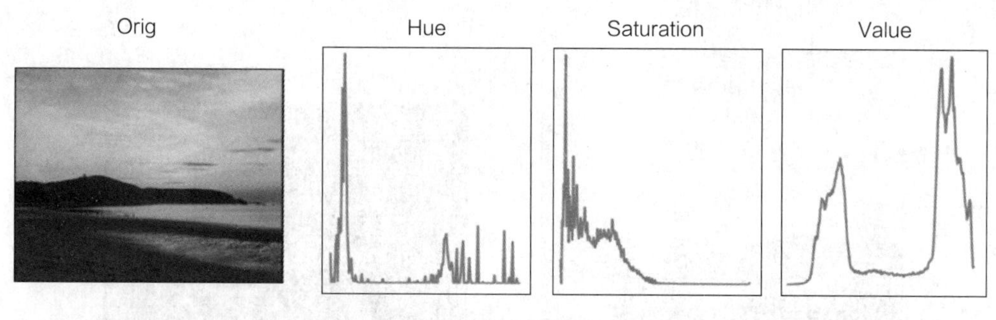

图8-18 HSV直方图

案例2：绘制二维直方图

在前面章节的学习中，只考虑了图像中的一个特征方向，并根据此特征来计算像素的灰度统计值，并绘制直方图，此种方式为一维直方图。同时，可以考虑多个特征，如像素的色调和饱和度，根据这两个特征方向来计算二维直方图，这通常用于寻找有颜色的直方图。

在使用 cv2. calcHist( ) 计算二维直方图时，需要传递的参数如下：

images：将图像从 BGR 转换为 HSV，将转换后的 HSV 图像作为第一个参数。

channels：[0, 1]，因为需要同时处理 H 和 S 两个维度。

bin：[180, 256]，180 表示 H 维度，256 表示 S 维度。

range：[0, 180, 0, 256]，色相值范围是 0~180，饱和度值范围是 0~256。

得到二维直方图后，使用 matplotlib. pyplot. imshow( ) 函数来绘制二维直方图，通过可视化二维直方图能够更好地了解不同的像素密度。

```
import cv2
import matplotlib.pyplot as plt
#读取图像,并从 BGR 转换为 HSV
img = cv2.imread('../images/sea.jpg')
hsv = cv2.cvtColor(img, cv2.COLOR_BGR2HSV)
#生成 Matplotlib 画布
fig, axes = plt.subplots(1, 2, figsize=(8, 4))
axes[0].imshow(cv2.cvtColor(img, cv2.COLOR_BGR2RGB))
axes[0].set_title("Orig")
axes[0].set_xticks([])
axes[0].set_yticks([])
#计算 H、S 维度的直方图,第二个参数 channels 设置为[0, 1]
#结果是 2D 直方图数组,大小为(180, 256)
hist = cv2.calcHist([hsv], [0, 1], None, [180, 256], [0, 180, 0, 256])
axes[1].imshow(hist)  #设置插值方式为邻进点插值
axes[1].set_title("Hue-Saturation")
plt.show()
```

案例运行结果，即二维直方图（色度和饱和度）如图 8－19 所示：

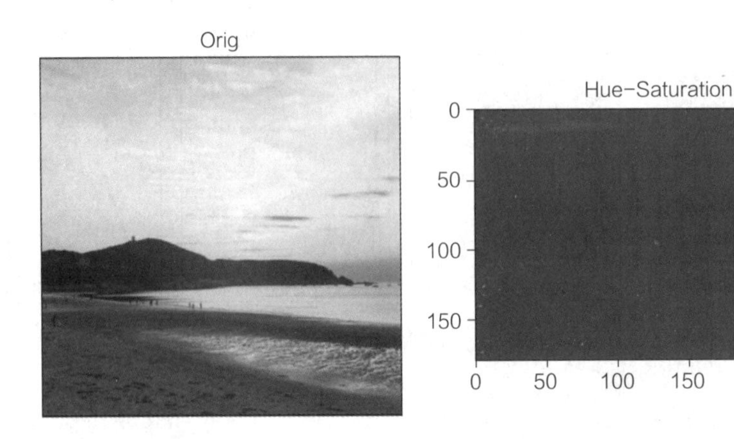

图 8－19　二维直方图（色度和饱和度）

从二维直方图（见图 8－19）中，可以看到 X 轴为饱和度，Y 轴为色调，在 H＝120 和 S＝15 的附近，有一些高值，它对应着蓝色天空。

案例 3：HSV 均衡化

对 RGB 彩色图像来说，要实现直方图均衡化来提升对比度，必须先转换到 HSV 色彩空间，然后对亮度通道 V 进行直方图均衡化处理，然后将处理结果再转换到 RGB 色彩空间显示。对于 HSV 色彩空间图像进行直方图均衡化处理时需要注意的是，因为图像是由 H、S、V 三个通道组成的，所以需要先将 HSV 图像进行分解，分别获取 H、S、V 三个通道的数据，然后对其中的 V 通道进行均衡化处理，将处理后的 V 通道和原来的 H、S 通道合并，得到均衡化后的 HSV 图像。

```
import cv2
import matplotlib.pyplot as plt
# 读取图像,并从 BGR 转换为 HSV
img = cv2.imread('../images/room-dark.jpg')
hsv = cv2.cvtColor(img, cv2.COLOR_BGR2HSV)
# 拆分 H、S、V 通道,并对 V 通道进行均衡化处理,最后将处理结果进行合并
h, s, v = cv2.split(hsv)
v1 = cv2.equalizeHist(v)
hsv_equal = cv2.merge((h, s, v1))
# 对比原始图像和均衡化后图像
fig, axes = plt.subplots(1, 2, figsize=(8, 4))
axes[0].imshow(cv2.cvtColor(img, cv2.COLOR_BGR2RGB))
axes[1].imshow(cv2.cvtColor(hsv_equal, cv2.COLOR_HSV2RGB))
axes[0].set_title("Original Image")
axes[1].set_title("HSV Equalization")
plt.show()
```

案例运行结果，即 HSV 图像均衡化如图 8－20 所示。

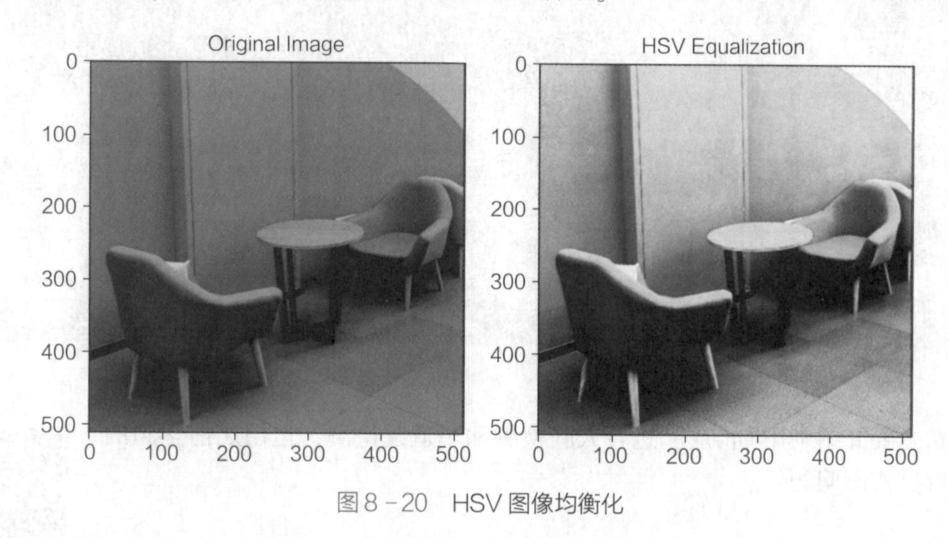

图8－20 HSV 图像均衡化

从运行结果来看，对 V 通道进行均衡化处理后，图像整体亮度得到了提升，视觉效果更加清晰。

习 题

1. 计算一幅灰度图像的直方图，并展示可视化效果。

2. 计算一幅彩色图像的直方图，观察各个通道的直方图，并进行均衡化处理。

3. 分别对彩色图像的三个通道进行自适应均衡化处理，对比原始图像和均衡化结果图像。

第 9 章
综合案例

本章主要介绍利用 OpenCV 进行人脸检测和车道线检测，运用之前学到的内容，解决实际问题。

扫码看视频

9.1 人脸检测

9.1.1 基于 Haar 特征的人脸检测

Haar 分类器采用的是 Viola-Jones 人脸检测算法。想要区分人脸与非人脸，就需要一种算法，用某一个或某几个特征，对照片或影片中的物体进行分类。Haar 分类器就是其中的一种分类方法。

该算法需要用到大量的积极图片（包含人脸的图片）和消极图片（不包含人脸的图片），从中提取类 Haar 特征（Haar-like features），经过反复训练，最终得出一个级联检测器，以此来检测人脸。

Haar 分类器使用 Haar-like 小波特征和积分图方法进行人脸检测，并与 AdaBoost 训练出的强分类器进行级联。这种算法，大大增强了人脸检测的准确率，可以说是里程碑式的一个创举。

Haar 特征分为四类：边缘特征、线性特征、中心特征和对角线特征。特征模板由黑色和白色的矩形组成。需要的特征值是由白色矩形像素和减去黑色矩形像素和，也就是图像灰度的变化程度。

有了这些特征值，就可以区分面部的一些特征情况，如眼睛和嘴的周围变化较大，额头脸颊变化较小等。

通过上述规律，可较为准确地区分出人脸与其他物体。

边缘特征模板示例（图 9－1）：

图 9－1　边缘特征模板示例

线性特征模板示例（图9-2）：

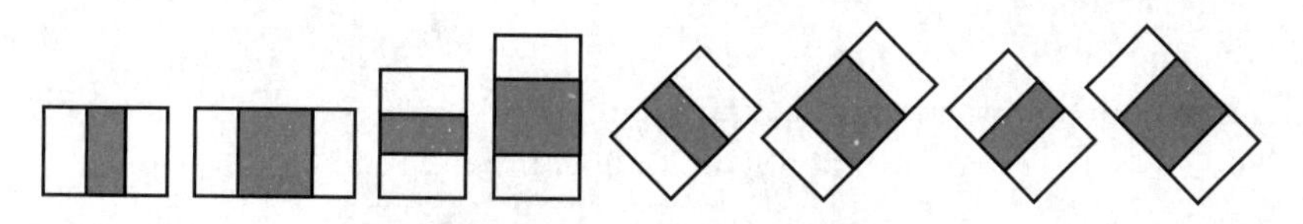

图9-2 线性特征模板示例

中心特征模板示例（图9-3）：

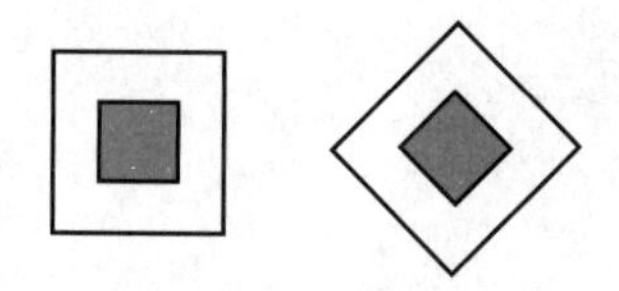

图9-3 中心特征模板示例

对角线特征模板示例（图9-4）：

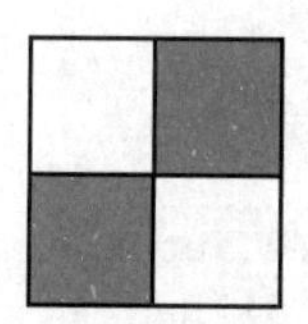

图9-4 对角线特征模板示例

在OpenCV中使用detectMultiScale()函数进行基于Haar的人脸检测，其格式为：

```
objects = cv2.CascadeClassifier.detectMultiScale(image[, scaleFactor[, minNeighbors[, flags[, minSize[, maxSize]]]]])
```

主要参数说明如下：

image：要检测的输入图像。

scaleFactor：表示每次图像尺寸减小的比例。

minNeighbors：表示每一个目标至少要被检测到几次才算是真的目标（因为周围的像素和不同的窗口大小都可以检测到人脸）。

flags：可以取如下这些值：

- CASCADE_DO_CANNY_PRUNING =1，利用Canny边缘检测来排除一些边缘很少或者很多的图像区域。
- CASCADE_SCALE_IMAGE =2，正常比例检测。
- CASCADE_FIND_BIGGEST_OBJECT =4，只检测最大的物体。
- CASCADE_DO_ROUGH_SEARCH =8，粗略的检测。

minSize：目标的最小尺寸。

maxSize：目标的最大尺寸。

应用实例：利用 Haar 特征找出人脸位置

```
import cv2 as cv

img = cv.imread('../images/face.jpg')
gray = cv.cvtColor(img, cv.COLOR_BGR2GRAY)

face_cascade = cv.CascadeClassifier(r'../lib/haarcascade_frontalface_default.xml')
faces = face_cascade.detectMultiScale(gray, 1.3, 5)
for (x, y, w, h) in faces:
    print(x, y, w, h)
```

输出结果如下：

```
16 34 58 58
```

应用实例：利用 Haar 特征找出人脸位置并绘制对应方框

```
import cv2
# 加载图像
img = cv2.imread('../images/girls.jpg')
gray_img = cv2.cvtColor(img, cv2.COLOR_BGR2GRAY)
# 进行人脸检测,传入 scaleFactor,minNeighbors,分别表示人脸检测过程中每次迭代时图像的压缩率以及每个人脸矩形保留近似数目的最小值
# 返回人脸矩形数组
face_cascade = cv2.CascadeClassifier('../lib/haarcascade_frontalface_default.xml')
faces = face_cascade.detectMultiScale(gray_img, 1.3, 5)
# 在原图像上绘制矩形
for (x, y, w, h) in faces:
    cv2.rectangle(img, (x, y), (x + w, y + h), (255, 0, 0), 2)
cv2.imshow('Face Detected', img)
cv2.waitKey(0)
cv2.destroyAllWindows()
```

输出结果如图 9－5 所示，可以看出，部分人脸已经被识别出来。

图 9－5　利用 Haar 特征找出人脸位置并绘制对应方框（一）

通过上图可以看出，随着人脸越来越小，被检测到的人脸也越来越少，可以尝试调整 scaleFactor 为 1.2，再来看输出结果。

```
import cv2

# 加载图像
img = cv2.imread('../images/girls.jpg')
gray_img = cv2.cvtColor(img, cv2.COLOR_BGR2GRAY)

# 进行人脸检测，传入 scaleFactor，minNeighbors，分别表示人脸检测过程中每次迭代时图像的压缩率以及每个人脸矩形保留近似数目的最小值
# 返回人脸矩形数组
face_cascade = cv2.CascadeClassifier('../lib/haarcascade_frontalface_default.xml')
faces = face_cascade.detectMultiScale(gray_img, 1.2, 5)

# 在原图像上绘制矩形
for (x, y, w, h) in faces:
    cv2.rectangle(img, (x, y), (x + w, y + h), (255, 0, 0), 2)

cv2.imshow('Face Detected', img)
cv2.waitKey(0)
cv2.destroyAllWindows()
```

输出结果如图 9-6 所示，可以看出提高检测精度后，更多的人脸被识别出来，可以进一步尝试减少检测次数，来识别到更多的人脸。

图 9-6 利用 Haar 特征找出人脸位置并绘制对应方框（二）

尝试调整 minNeighbors 为 3，再来看输出结果。

```
import cv2

# 加载图像
img = cv2.imread('../images/girls.jpg')
gray_img = cv2.cvtColor(img, cv2.COLOR_BGR2GRAY)

# 进行人脸检测，传入 scaleFactor，minNeighbors，分别表示人脸检测过程中每次迭代时图像的压缩率以及每个人脸矩形保留近似数目的最小值
```

```
# 返回人脸矩形数组
face_cascade = cv2.CascadeClassifier('../lib/haarcascade_frontalface_default.xml')
faces = face_cascade.detectMultiScale(gray_img, 1.2, 3)
# 在原图像上绘制矩形
for (x, y, w, h) in faces:
    cv2.rectangle(img, (x, y), (x + w, y + h), (255, 0, 0), 2)
cv2.imshow('Face Detected', img)
cv2.waitKey(0)
cv2.destroyAllWindows()
```

输出结果如图 9－7 所示，通过调整参数，大部分人脸已经被识别出来。实际应用中也需要根据实际情况自行调整参数，来获得更为满意的效果。

图 9－7　利用 Haar 特征找出人脸位置并绘制对应方框（三）

9.1.2　基于 EigenFaces 的人脸检测

特征脸（EigenFaces）方法，是一种从主成分分析（Principal Component Analysis，PCA）中导出的人脸识别和描述技术。该方法就是从大量的人脸图像中，寻找出人脸的共性。将眼睛、面颊、下颌样板采集协方差矩阵的特征向量，统称为特征子脸。

OpenCV 基于 EigenFaces 的人脸检测是通过函数 cv2.face.EigenFaceRecognizer_create()生成特征脸识别器实例模型，然后应用 cv2.face_FaceRecognizer.train()函数完成训练，最后用 cv2.face_FaceRecognizer.predict()函数完成人脸识别。

（1）生成特征脸识别器实例模型　在 OpenCV 中使用 cv2.face.EigenFaceRecognizer_create()函数生成特征脸识别器实例模型，其格式为：

```
retval = cv2.face.EigenFaceRecognizer_create([, num_components[, threshold]])
```

主要参数说明如下：

num_components：在 PCA 中要保留的分量个数。

threshold：进行人脸识别时所采用的阈值。

（2）训练模型　OpenCV 使用 cv2.face_FaceRecognizer.train()函数进行特征脸识别器训练，其格式为：

```
None = cv2.face_FaceRecognizer.train(src, labels)
```

主要参数说明如下：

src：训练图像，用来学习的人脸图像。

labels：人脸图像所对应的标签。

该函数没有返回值。

（3）进行识别　OpenCV 中，特征脸识别器使用 cv2. face_FaceRecognizer. predict( ) 函数进行人脸识别，其格式为：

```
label, confidence = cv2.face_FaceRecognizer.predict(src)
```

主要参数说明如下：

src：需要识别的人脸图像。

label：返回的识别结果标签。

confidence：返回的置信度评分。置信度评分用来衡量识别结果与原有模型之间的距离。0 表示完全匹配。该参数值通常 0 到 20000 之间，只要低于 5000，都被认为是相当可靠的识别结果。注意，这个范围与 LBPH 的置信度评分值的范围是不同的。

应用实例：利用 EigenFaces 人脸检测找出对应人物

```
import cv2
import numpy as np

labels = [0, 1]
images = []
images.append(cv2.imread("../images/man.jpg", cv2.IMREAD_GRAYSCALE))
images.append(cv2.imread("../images/woman.jpg", cv2.IMREAD_GRAYSCALE))
# 训练人脸检测器
recognizer = cv2.face.EigenFaceRecognizer_create()
recognizer.train(images, np.array(labels))
# 使用训练后的人脸检测器进行识别
predict_image = cv2.imread('../images/test.jpg', cv2.IMREAD_GRAYSCALE)
label, confidence = recognizer.predict(predict_image)
if label == 0:
    print("匹配的人脸为尼根")
elif label == 1:
    print("匹配的人脸为丽丽")
print("confidence = ", confidence)
```

训练图像和待检测图像如图 9 - 8 所示。

man.jpg
2,048×1,536

woman.jpg
2,048×1,536

test.jpg
2,048×1,536

图9-8 训练图像和待检测图像

运行结果如下：

```
匹配的人脸为丽丽
confidence = 27874.417693119573
```

应用实例：使用 EigenFaces 建立数据库并进行人脸检测

首先批量预处理素材图片，将素材图片灰度化，截取人脸的部分，保存在单独的文件夹中，并进行人脸检测。代码如下：

```
import cv2
import os
import numpy as np
images = []  #训练人脸数据
labels = []  #训练标签数据
names = {}  #训练信息
faces_path = "../images/faces"
if not os.path.exists(faces_path):
    print("训练人像数据目录不存在")
    exit(-1)
#遍历训练数据,建立训练信息,将每张图片数据加入训练列表中
for index, path in enumerate(os.listdir(faces_path)):
    names[index] = path
    image_path = faces_path + os.sep + path
    for file in os.listdir(image_path):
        images.append(cv2.imread(image_path + os.sep + file, cv2.IMREAD_
GRAYSCALE))
        labels.append(index)
#训练人脸检测器
recognizer = cv2.face.EigenFaceRecognizer_create()
recognizer.train(images, np.array(labels))
#使用训练后的人脸检测器进行识别
predict_image = cv2.imread('../images/test.jpg', cv2.IMREAD_GRAYSCALE)
predict, confidence = recognizer.predict(predict_image)
```

```
print(f'检测结果为：{names[predict]}')
print(f'置信度为：{confidence}')
```

利用 EigenFaces 进行人脸识别的运行结果如图 9－9 所示。

```
检测结果为: woman
置信度为: 33614.72743462451
```

图9－9　利用 EigenFaces 进行人脸识别

9.2　车道检测

车道检测是自动驾驶领域不可或缺的一环。利用之前学过的知识，用 OpenCV 也能实现该功能。具体步骤如下：首先将图像灰度化，并进行适度的高斯滤波，剔除干扰。之后利用 Canny 边缘检测，检测出车道和其他物体的边缘。再用 ROI 区域截取需要的部分，再次剔除干扰。最后用霍夫变换直线检测，检测出图像中的直线部分，再通过计算，得出车道的具体位置。

9.2.1　车道线图像预处理

图像的预处理主要分为两个部分：灰度化和降噪。通过图像的灰度化，可以大大减少计算量和不必要的干扰。由于边缘提取对噪声非常敏感，所以还要对图像进行适当的降噪处理，如高斯滤波，去除不必要的噪点。实现代码如下：

```
def gaussian_blur(img, kernel_size=5):
    """
    边缘提取对噪声非常敏感,使用高斯滤波进行降噪处理
    """
    gray_img = cv2.cvtColor(img, cv2.COLOR_RGB2GRAY)
    result_img = cv2.GaussianBlur(gray_img, (kernel_size, kernel_size), 1)
    return result_img
```

运行结果，即车道线图像预处理如图 9－10 所示。

图9－10　车道线图像预处理

9.2.2 车道线边缘检测

利用前面学到的知识，可以提取出图像中各个物体的边缘，这样减少后续的运算量，降低了运算难度。实现代码如下：

```
def canny_filter(img, lth=50, hth=150):
    """
    使用 Canny 边缘检测提取出车道线图像中各物体边缘,简化了后续的运算量和难度
    :return:
    """
    result_img = cv2.Canny(img, lth, hth)
    return result_img
```

运行结果，即车道线边缘检测如图 9 - 11 所示。

图 9 - 11 车道线边缘检测

检测出车道边缘之后，还需要剔除图像中无用的信息。因为图像中周围的树木和其他物体是无用信息，所以使用 ROI 区域截取图片中需要的部分内容，如图 9 - 12 所示。

图 9 - 12 ROI 截取

想要截取图 9 - 12 中虚线内的内容，可以创建一个梯形的 mask 掩膜，如图 9 - 13 所示，通过混合运算，只保留白色的部分。

图9-13　mask 掩膜

实现代码如下：

```
def roi_mask(img):
    """
    使用 ROI 区域截取车道线相关信息
    """
    rows, cols = img.shape
    points = np.array([[(0, rows), (265, 175), (285, 175), (cols, rows)]])

    mask = np.zeros_like(img)
    cv2.fillPoly(mask, points, 255)
    result_img = cv2.bitwise_and(img, mask)

    return result_img
```

运行结果，即 ROI 截取如图 9-14 所示。

图9-14　ROI 截取

9.2.3　车道线霍夫直线变换

获得了两条车道图像后，需要用霍夫直线变换，将车道图像转换成直线图像，以便于后续的计算。

代码如下：

```
def hough_lines(img):
    """
    用霍夫直线变换,将车道图像转换成直线图像,以便于后续的计算
    """
    # 创建霍夫直线变换结果图像
    result_img = np.zeros((img.shape[0], img.shape[1], 3), dtype=np.uint8)
    # 使用霍夫直线变换得到车道线信息
    rho = 1
    theta = np.pi /180
    threshold = 15
    min_line_len = 40
    max_line_gap = 20
    lines = cv2.HoughLinesP(img, rho, theta, threshold, min_line_len, max_
line_gap)
    # 绘制车道线
    for line in lines:
        for x1, y1, x2, y2 in line:
            cv2.line(result_img, (x1, y1), (x2, y2), color = [0, 0, 255],
thickness=1)
    return result_img, lines
```

运行结果，即车道线霍夫直线变换如图 9-15 所示。

图 9-15 车道线霍夫直线变换

9.2.4 车道线计算

接下来进行车道计算，首先根据斜率区分开左右车道，之后过滤掉一些异常数据，再用最小二乘法拟合左右车道线。Python 中可以直接使用函数 np.polyfit()进行最小二乘法拟合。

具体代码如下：

```
def draw_lanes(img, lines, color=[0, 255, 0], thickness=6, draw_type='area'):
    """
    根据斜率区分开左右车道,用最小二乘法拟合左右车道线
```

```
    将车道线绘制到原始图像上
    """
    # 根据车道线斜率,分别得到左右车道线上各个点数据
    left_points_1 = []
    left_points_2 = []
    right_points_1 = []
    right_points_2 = []
    for line in lines:
        for x1, y1, x2, y2 in line:
            k = (y2 - y1) /(x2 - x1)
            if k < 0:
                left_points_1.append((x1, y1))
                left_points_2.append((x2, y2))
            else:
                right_points_1.append((x1, y1))
                right_points_2.append((x2, y2))
    left_points = left_points_1 + left_points_2
    right_points = right_points_1 + right_points_2
    # 使用最小二乘法进行左右车道线拟合计算
    left_results = least_squares_fit(left_points, 175, img.shape[0])
    right_results = least_squares_fit(right_points, 175, img.shape[0])
    if draw_type == 'area':
        vtxs = np.array([[left_results[1], left_results[0], right_results[0],
right_results[1]]])
        cv2.fillPoly(img, vtxs, color)
    elif draw_type == 'line':
        cv2.line(img, left_results[0], left_results[1], color, thickness)
        cv2.line(img, right_results[0], right_results[1], color, thickness)
def least_squares_fit(point_list, y_min, y_max):
    """
    使用最小二乘法拟合进行直线拟合计算
    """
    x = [p[0] for p in point_list]
    y = [p[1] for p in point_list]
    # 第三个参数为拟合多项式的阶数,1 代表线性
    fit = np.polyfit(y, x, 1)
    fit_fn = np.poly1d(fit)
    x_min = int(fit_fn(y_min))
    x_max = int(fit_fn(y_max))
    return [(x_min, y_min), (x_max, y_max)]
```

运行结果，即车道线计算并标注如图9-16所示。

图9-16　车道线计算并标注

也可以将代码做一些修改，让绿色填充车道区域，更便于实际观察使用，只需要将 draw_lanes（hough_lines_img, hough_lines, draw_type ='line'）中最后的参数修改为'area'。但设置此参数时，使用 cv.fillPoly()来绘制车道区域，其格式为：

```
cv.fillPoly(img,pts,color[,lineType[,shift[,offset]]])
```

主要参数说明如下：

img：输入图片。

pts：多边形数组。

color：多边形眼色。

lineType：多边形边界类型。

shift：顶点坐标控制。

offset：所有点的可选偏移量。

运行结果，即车道线计算并用颜色覆盖如图9-17所示。

图9-17　车道线计算并用颜色覆盖

9.2.5　车道线检测完整代码

最后将完整代码给出，希望读者能够自己动手实践，并在此基础上进行调整和改进。

```
import cv2
import numpy as np

def gaussian_blur(img, kernel_size =5):
```

```
    """
    边缘提取对噪声非常敏感,使用高斯滤波进行降噪处理
    """
    gray_img = cv2.cvtColor(img, cv2.COLOR_RGB2GRAY)
    result_img = cv2.GaussianBlur(gray_img, (kernel_size, kernel_size), 1)
    return result_img
def canny_filter(img, lth=50, hth=150):
    """
    使用 Canny 边缘检测提取出车道线图像中各物体边缘,简化了后续的运算量和难度
    :return:
    """
    result_img = cv2.Canny(img, lth, hth)
    return result_img
def roi_mask(img):
    """
    使用 ROI 区域截取车道线相关信息
    """
    rows, cols = img.shape
    points = np.array([[(0, rows), (265, 175), (285, 175), (cols, rows)]])
    mask = np.zeros_like(img)
    cv2.fillPoly(mask, points, 255)
    result_img = cv2.bitwise_and(img, mask)
    return result_img
def hough_lines(img):
    """
    用霍夫直线变换,将车道图像转换成直线图像,以便于后续的计算
    """
    # 创建霍夫直线变换结果图像
    result_img = np.zeros((img.shape[0], img.shape[1], 3), dtype=np.uint8)
    # 使用霍夫直线变换得到车道线信息
    rho = 1
    theta = np.pi /180
    threshold = 15
    min_line_len = 40
    max_line_gap = 20
    lines = cv2.HoughLinesP(img, rho, theta, threshold, min_line_len, max_
line_gap)
    # 绘制车道线
    for line in lines:
        for x1, y1, x2, y2 in line:
            cv2.line(result_img, (x1, y1), (x2, y2), color=[0, 0, 255],
thickness=1)
```

```
    return result_img, lines

def draw_lanes(img, lines, color=[0, 255, 0], thickness=6, draw_type='area'):
    """
    根据斜率区分开左右车道,用最小二乘法拟合左右车道线
    将车道线绘制到原始图像上
    """
    # 根据车道线斜率,分别得到左右车道线上各个点数据
    left_points_1 = []
    left_points_2 = []
    right_points_1 = []
    right_points_2 = []
    for line in lines:
        for x1, y1, x2, y2 in line:
            k = (y2 - y1) / (x2 - x1)
            if k < 0:
                left_points_1.append((x1, y1))
                left_points_2.append((x2, y2))
            else:
                right_points_1.append((x1, y1))
                right_points_2.append((x2, y2))

    left_points = left_points_1 + left_points_2
    right_points = right_points_1 + right_points_2

    # 使用最小二乘法进行左右车道线拟合计算
    left_results = least_squares_fit(left_points, 175, img.shape[0])
    right_results = least_squares_fit(right_points, 175, img.shape[0])

    if draw_type == 'area':
        vtxs = np.array([[left_results[1], left_results[0], right_results[0],
right_results[1]]])
        cv2.fillPoly(img, vtxs, color)
    elif draw_type == 'line':
        cv2.line(img, left_results[0], left_results[1], color, thickness)
        cv2.line(img, right_results[0], right_results[1], color, thickness)

def least_squares_fit(point_list, y_min, y_max):
    """
    使用最小二乘法拟合进行直线拟合计算
    """
    x = [p[0] for p in point_list]
    y = [p[1] for p in point_list]

    # 第三个参数为拟合多项式的阶数,1 代表线性
    fit = np.polyfit(y, x, 1)
    fit_fn = np.poly1d(fit)

    x_min = int(fit_fn(y_min))
```

```
        x_max = int(fit_fn(y_max))

        return [(x_min, y_min), (x_max, y_max)]
    # 1. 读取车道线图像
    road = cv2.imread('../images/road.jpg')
    # 2. 进行高斯滤波处理,过滤噪音
    blur_img = gaussian_blur(road)
    # 3. 进行物体边缘检测
    canny_img = canny_filter(blur_img)
    # 4. 进行车道线区域截取
    roi_img = roi_mask(canny_img)
    # cv2.imshow("roi_edges", roi_img)
    # 5. 进行霍夫直线变换,得到车道线信息
    hough_lines_img, hough_lines = hough_lines(roi_img)
    # 6. 进行车道线拟合计算,将车道线绘制到原始图像中
    draw_lanes(hough_lines_img, hough_lines, draw_type='area')
    lane_img = cv2.addWeighted(road, 0.9, hough_lines_img, 0.3, 0)

    cv2.imshow("road", road)
    cv2.imshow("blur_img", blur_img)
    cv2.imshow("canny_img", canny_img)
    cv2.imshow("roi_img", roi_img)
    cv2.imshow("hough_lines_img", hough_lines_img)
    cv2.imshow("lane_img", lane_img)

    cv2.waitKey(0)
    cv2.destroyAllWindows()
```

习 题

1. 利用 Haar 特征，找出任意一张照片中的人脸。

2. 找几位朋友或家人，拍摄各个角度的照片，为他们建立属于你的人脸数据库。

3. 利用本章学到的人脸识别算法和习题 2 的数据库，制作一个简单的人脸识别系统，可以识别出摄像头或照片中的人物。

4. 拍摄任意路面照片，根据所学内容，写出一套车道识别算法，并尝试优化其准确度。

参考文献

[1] 李立宗. OpenCV 轻松入门：面向 Python [M]. 北京：电子工业出版社，2019.

[2] 荣嘉祺. OpenCV 图像处理入门与实践 [M]. 北京：人民邮电出版社，2021.

[3] 冯振，陈亚萌. OpenCV 4 详解：基于 Python [M]. 北京：人民邮电出版社，2021.

[4] 赵云龙，葛广英. 智能图像处理：Python 和 OpenCV 实现 [M]. 北京：机械工业出版社，2021.

[5] 凯勒，布拉德斯基. 学习 OpenCV 3 [M]. 阿丘科技，刘昌祥，吴雨培，等译. 北京：清华大学出版社，2018.

[6] 豪斯，米尼奇诺. OpenCV 4 计算机视觉：Python 语言实现 [M]. 刘冰，高博，译. 北京：机械工业出版社，2021.